中等职业学校教学用书（计算机应用专业）

数据库应用技术
——Visual FoxPro 6.0 上机指导与练习
（第 6 版）

魏茂林　魏慧慧　主编

电子工业出版社

Publishing House of Electronics Industry

北京·BEIJING

内 容 简 介

本书是全国中等职业学校计算机应用专业《数据库应用技术——Visual FoxPro 6.0（第 6 版）》教材的配套上机指导与练习用书。全书章节安排紧扣教材内容，列出了章节知识结构，并对知识进行了梳理，给出了大量的实训例题和操作练习，主要内容包括 Visual FoxPro 6.0 数据库系统的基本知识、项目管理器的使用、数据库表的基本操作、创建查询和视图、SQL 语言的应用、表单设计、报表设计、菜单与工具栏设计、应用程序开发实例及程序设计基础等。

本书作为中等职业学校计算机类专业学生学习 Visual FoxPro 6.0 数据库应用基础教材配套上机指导与练习使用，以及数据库应用培训班和初学者的自学用书。

本书还配有电子教学参考资料包（包括习题答案和附录），详见前言。

未经许可，不得以任何方式复制或抄袭本书之部分或全部内容。
版权所有，侵权必究。

图书在版编目（CIP）数据

数据库应用技术. Visual FoxPro 6.0 上机指导与练习 / 魏茂林，魏慧慧主编. —6 版. —北京：电子工业出版社，2024.2
ISBN 978-7-121-47175-9

Ⅰ. ①数… Ⅱ. ①魏… ②魏… Ⅲ. ①关系数据库系统—中等专业学校—教学参考资料 Ⅳ. ①TP311.138

中国国家版本馆 CIP 数据核字（2024）第 031899 号

责任编辑：郑小燕　　文字编辑：徐　萍
印　　刷：河北鑫兆源印刷有限公司
装　　订：河北鑫兆源印刷有限公司
出版发行：电子工业出版社
　　　　　北京市海淀区万寿路 173 信箱　邮编　100036
开　　本：880×1 230　1/16　印张：13　字数：332.8 千字
版　　次：2017 年 6 月第 1 版
　　　　　2024 年 2 月第 6 版
印　　次：2024 年 2 月第 1 次印刷
定　　价：36.00 元

凡所购买电子工业出版社图书有缺损问题，请向购买书店调换。若书店售缺，请与本社发行部联系，联系及邮购电话：（010）88254888，88258888。
质量投诉请发邮件至 zlts@phei.com.cn，盗版侵权举报请发邮件至 dbqq@phei.com.cn。
本书咨询联系方式：（010）88254550，zhengxy@phei.com.cn。

前 言

本书是全国中等职业学校《数据库应用技术——Visual FoxPro 6.0（第6版）》教材的配套用书，是中等职业学校计算机类专业学习数据库的配套教材和其他相关专业学习用书。

党的二十大报告强调，"加快发展数字经济，促进数字经济和实体经济深度融合，打造具有国际竞争力的数字产业集群"。报告为我国数字经济的发展指明了方向，明确了未来数字经济的重要发展方向是实现数字经济助力实体经济发展。当下，我们的任务是：学习数据库应用技术，树立数字化思维，积极推动数字教育的技术、模式、业态和制度创新，促进自主学习和因材施教，以教育数字化支撑和引领教育现代化，助力职业教育向高质量发展。

本书作为数据库 Visual FoxPro 6.0 的学习指导与练习的配套用书，结合中等职业学校计算机数据库教学的实际情况，是在第5版的基础上进行大量修订编写而成的。本书特点鲜明，列出了章节知识结构图；对数据库表的内容进行了更新；对章节知识要点进行了梳理，这不仅是对教材内容的总结，也是对数据库知识的补充；每个实例均采用任务驱动学习模式，任务明确，操作翔实，并给出与本实训操作相关的思考题；始终围绕"图书管理"这个具体实例来讲解，前后具有连贯性，便于教师指导和学生学习；每个章节都给出了大量的练习题和操作题，是对知识和技能的巩固与提高，最后给出了三套学业质量检测试题。

学习完成本书的全部实训和练习任务之后，读者不但能对 Visual FoxPro 6.0 数据库系统有全面的了解，而且能够掌握数据库的基本操作和面向对象的程序设计方法，还能开发小型的数据库管理应用系统，为进一步学习数据库应用技术打下坚实的基础。

本书由魏茂林、魏慧慧主编，参加本书编写的还有王汉明、杨世娥、张欣、赵娜娜、王晓慧、吕培梅等老师，中国海洋大学高丙云教授担任主审，在此一并表示感谢。

由于编者水平有限，经验不足，书中难免存在不足和疏漏之处，敬请广大读者在使用过程中提出宝贵意见。

为了方便教师教学，本书还配有习题答案。请有此需要的教师登录华信教育资源网免费注册后再进行下载。

编 者

目 录

第1章 数据库应用基础 ·· 1

    1.1 知识结构图 ··· 1

    1.2 知识要点 ·· 1

    实训 1 使用 Visual FoxPro 6.0 ·· 3

    实训 2 认识项目管理器 ··· 5

第2章 Visual FoxPro 基本操作 ··· 8

    2.1 知识结构图 ··· 8

    2.2 知识要点 ·· 9

    实训 1 创建数据库和表 ··· 15

    实训 2 输入记录 ·· 20

    实训 3 浏览与编辑记录 ··· 24

    实训 4 删除记录 ·· 27

    实训 5 索引记录 ·· 30

    实训 6 设置字段属性 ·· 34

    实训 7 工作区的使用 ·· 38

第3章 创建查询和视图 ·· 43

    3.1 知识结构图 ·· 43

    3.2 知识要点 ··· 43

    实训 1 使用查询向导创建查询 ·· 45

    实训 2 使用查询设计器创建查询 ··· 48

    实训 3 创建视图 ·· 52

第4章 SQL 语言的应用 ·· 57

    4.1 知识结构图 ·· 57

    4.2 知识要点 ··· 57

    实训 1 SQL 数据查询 ·· 60

    实训 2 SQL 数据定义 ·· 67

    实训 3 SQL 数据操作 ·· 71

第 5 章 表单设计 ... 77

5.1 知识结构图 ... 77
5.2 知识要点 ... 77
实训 1　使用表单向导创建表单 ... 81
实训 2　使用表单设计器创建表单 ... 84
实训 3　表单控件的使用（1） ... 88
实训 4　表单控件的使用（2） ... 96

第 6 章 报表设计 ... 108

6.1 知识结构图 ... 108
6.2 知识要点 ... 108
实训 1　使用向导创建报表 ... 110
实训 2　使用报表设计器创建报表 ... 113

第 7 章 菜单和工具栏设计 ... 122

7.1 知识结构图 ... 122
7.2 知识要点 ... 122
实训 1　创建菜单 ... 124
实训 2　创建快捷菜单和工具栏 ... 132

第 8 章 应用程序设计实例 ... 140

8.1 知识结构图 ... 140
8.2 知识要点 ... 140
实训　应用程序的设计、编译与发布 ... 142

第 9 章 结构化程序设计基础 ... 151

9.1 知识结构图 ... 151
9.2 知识要点 ... 152
实训 1　数据及其运算 ... 157
实训 2　结构化程序设计基础 ... 162
实训 3　子程序和过程文件 ... 172
实训 4　参数传递及自定义函数 ... 176

附录 A　Visual FoxPro 学业质量检测试题一 ... 181

附录 B　Visual FoxPro 学业质量检测试题二 ... 187

附录 C　Visual FoxPro 学业质量检测试题三 ... 194

第 1 章 数据库应用基础

1.1 知识结构图

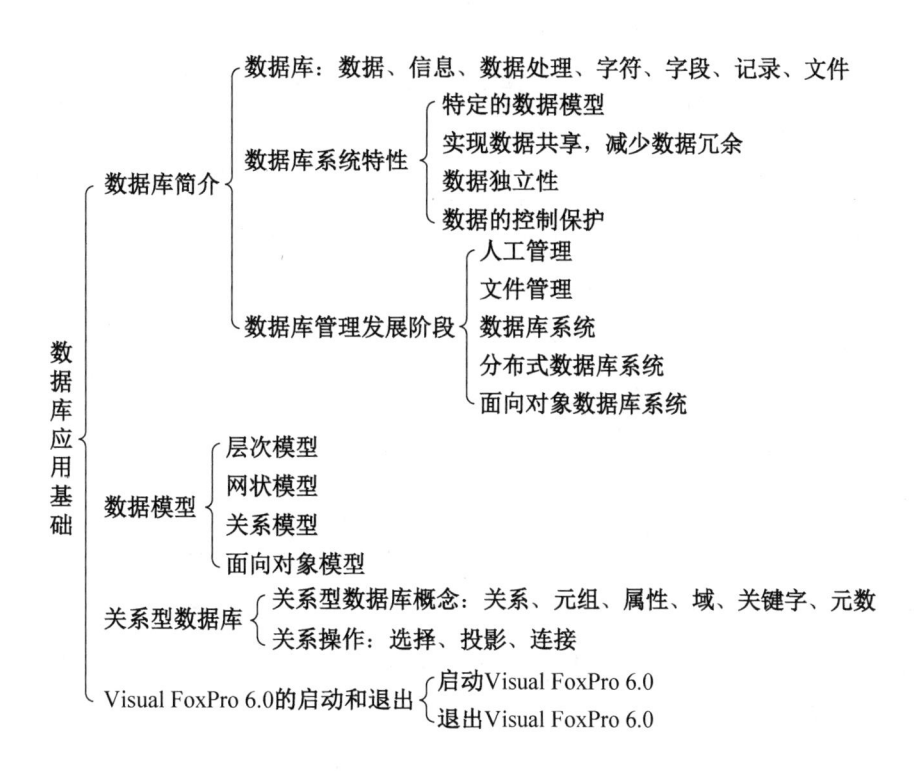

```
                    ┌─ 数据库：数据、信息、数据处理、字符、字段、记录、文件
                    │                    ┌─ 特定的数据模型
                    │                    │  实现数据共享，减少数据冗余
          ┌ 数据库简介 ┤ 数据库系统特性 ┤  数据独立性
          │         │                    └─ 数据的控制保护
          │         │                    ┌─ 人工管理
          │         │                    │  文件管理
          │         └ 数据库管理发展阶段 ┤  数据库系统
数据              │                    │  分布式数据库系统
库 ┤                                    └─ 面向对象数据库系统
应              ┌─ 层次模型
用 ┤   数据模型 ┤  网状模型
基              │  关系模型
础              └─ 面向对象模型
          │              ┌─ 关系型数据库概念：关系、元组、属性、域、关键字、元数
          │  关系型数据库 ┤
          │              └─ 关系操作：选择、投影、连接
          │                        ┌─ 启动Visual FoxPro 6.0
          └ Visual FoxPro 6.0的启动和退出 ┤
                                   └─ 退出Visual FoxPro 6.0
```

1.2 知识要点

1. 数据库简介

数据库技术的发展，先后经历了人工管理、文件管理、数据库系统、分布式数据库系统和面向对象数据库系统 5 个阶段。数据库系统包括数据库和数据库管理系统，其中，数据库以文件的形式组织，包括一个或多个文件，可以被多个用户所共享，它是数据库系统的重要组成部分；数据库管理系统是数据库系统的核心，是用来建立、存取、管理和维护数据库的软件系统。数据库系统主要由计算机硬件、软件、数据库和用户等部分组成。

当前主流的关系型数据库有 Oracle、DB2、SQL Server、Access、MySQL、Visual

FoxPro 等。

2．Visual FoxPro 6.0 支持的文件类型

Visual FoxPro 6.0 支持多种类型的文件，表 1-1 列出了 Visual FoxPro 6.0 中常见的文件扩展名及其关联的文件类型。

表 1-1　Visual FoxPro 6.0 中常见的文件扩展名及其关联的文件类型

扩 展 名	文件类型	扩 展 名	文件类型
.app	生成的应用程序	.frx	报表
.exe	可执行程序	.frt	报表备注
.pjx	项目	.lbx	标签
.pjt	项目备注	.lbt	标签备注
.dbc	数据库	.prg	程序
.dct	数据库备注	.fxp	编译后的程序
.dcx	数据库索引	.err	编译错误
.dbf	表	.mnx	菜单
.fpt	表备注	.mnt	菜单备注
.cdx	复合索引	.mpr	生成的菜单程序
.idx	单索引	.mpx	编译后的菜单程序
.qpr	生成的查询程序	.vcx	可视类库
.qpx	编译后的查询程序	.vct	可视类库备注
.scx	表单	.txt	文本
.sct	表单备注	.bak	备份文件

新建各种类型的文件时，可以利用系统提供的相应工具，以提高工作效率。新建文件时可使用设计器和向导。

3．定制运行环境

Visual FoxPro 6.0 的配置决定了系统的操作环境和工作方式。Visual FoxPro 6.0 系统允许用户通过"工具"菜单中的"选项"命令，来定制用户自己的界面。例如，添加或删除控件，设置字段映像，改变日期、时间显示方式，修改文件存放目录等。

4．Visual FoxPro 6.0 工作方式

（1）菜单操作方式。根据所需的操作从菜单中选择相应的命令。每执行一次菜单命令，命令窗口中一般都会显示出与菜单对应的命令内容。

（2）命令交互方式。根据所要进行的各项操作，采用人机对话方式在命令窗口中按格式要求逐条输入所需命令，按 Enter 键后，系统逐条执行该命令。

（3）程序执行方式。先在程序编辑窗口中编写程序，再从程序菜单中选择执行，或从命

令窗口中输入 DO 命令执行。

实训 1　使用 Visual FoxPro 6.0

跟我做

实训要求
- 学会安装 Visual FoxPro 6.0 系统
- 能启动和退出 Visual FoxPro 6.0 系统

实例　启动与退出 Visual FoxPro 6.0 系统。

安装并检查 Visual FoxPro 6.0 系统后，在 Windows "开始"菜单中建立一个 Visual FoxPro 6.0 程序组，它包含 Microsoft Visual FoxPro 6.0 等组件。

操作步骤：

（1）在"开始"菜单中选择"程序"选项，打开"程序"菜单。

（2）在"程序"菜单中选择并单击"Microsoft Visual FoxPro 6.0"选项，启动 Visual FoxPro 6.0，出现启动画面。

该画面中有 6 个选项，可以根据屏幕提示直接进入某种工作环境。如果希望以后启动 Visual FoxPro 6.0 系统时，不显示此屏，可选中最后一行"以后不再显示此屏"选项。

（3）系统启动后，进入 Visual FoxPro 6.0 系统主窗口，如图 1-1 所示为其"选项"对话框。

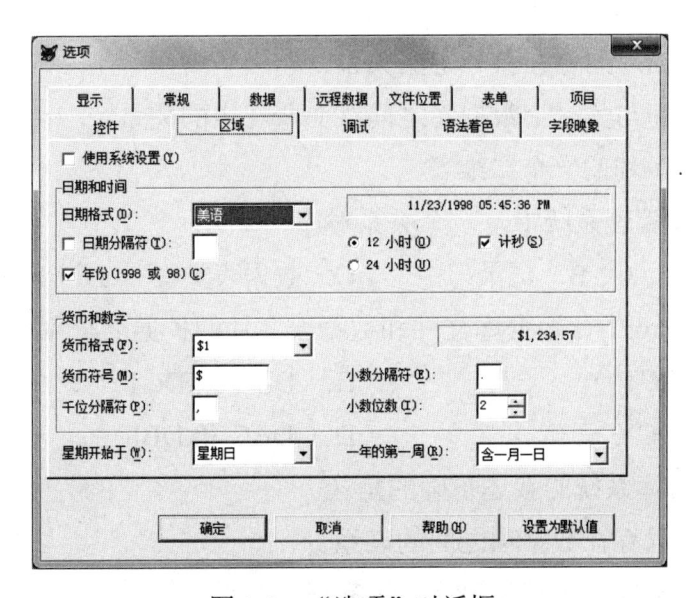

图 1-1　"选项"对话框

在主窗口中，还包含一个命令窗口，在命令窗口中可以输入对数据库操作的命令。

（4）在结束数据库操作后，应单击"文件"菜单中的"退出"选项或单击屏幕右上角的

"×"按钮,关闭并退出 Visual FoxPro 6.0 系统。

练一练

1. 填空题

(1) 数据库技术的发展,先后经历了_____、_____、_____、_____及_____5 个阶段。

(2) 数据库系统主要由_____、_____、_____和_____ 4 个部分组成。

(3) 用二维表的形式来表示实体之间联系的数据模型叫作_____。

(4) 数据库系统的主要特性有_____、_____、_____和_____。

(5) 在关系数据库的基本操作中,把两个关系中相同属性的元组连接到一起形成新的二维表的操作称为_____。

2. 选择题

(1) 数据库系统的核心是(　　)。
　　A．数据库　　　　　　　　B．数据库管理系统
　　C．操作系统　　　　　　　D．文件

(2) 数据库 DB、数据库系统 DBS 与数据库管理系统 DBMS 三者之间的关系是(　　)。
　　A．DBMS 包括 DB 和 DBS　　B．DB 包括 DBMS 和 DBS
　　C．DBS 包括 DB 和 DBMS　　D．三者没有关系

(3) 在关系数据库管理系统中,所谓关系是指(　　)。
　　A．各条记录之间存在关系
　　B．各字段数据之间存在着一定的关系
　　C．一个数据库与另一个数据库之间存在着一定的关系
　　D．满足一定条件的一个二维表

(4) 在关系数据库管理系统中,一个关系对应一个(　　)。
　　A．字段　　　B．记录　　　C．数据表文件　　D．索引文件

(5) 在 Visual FoxPro 中,数据库文件和数据表文件的扩展名分别是(　　)。
　　A．.DBF 和.DCT　　　　　　B．.DBC 和.DCT
　　C．.DBC 和.DCX　　　　　　D．.DBC 和.DBF

(6) 下面关于数据库系统的叙述正确的是(　　)。
　　A．数据库中只存在数据项之间的联系
　　B．数据库的数据项之间和记录之间都存在联系
　　C．数据库的数据项之间无联系,记录之间存在联系
　　D．数据库的数据项之间和记录之间都不存在联系

(7) 如果一个公司只能有一个总经理,而且这个总经理不能同时担任其他公司的总经理,

则公司和总经理两实体间的关系是（　　）。

  A．多对多关系 B．一对多关系 C．多对一关系 D．一对一关系

（8）如果对一个关系实施了一种关系运算后得到了一个新的关系，而且新关系中的属性个数少于原来关系中的属性个数，这说明所实施的关系运算是（　　）。

  A．选择   B．投影   C．连接   D．合并

做一做

1．安装 Visual FoxPro 6.0 系统。根据老师提供的 Visual FoxPro 6.0 安装盘或安装文件，将 Visual FoxPro 6.0 系统安装在你所使用的计算机中。

2．启动与退出 Visual FoxPro 6.0 系统。启动 Visual FoxPro 6.0 系统后，浏览各菜单功能选项。然后在 Visual FoxPro 6.0 系统的"命令"窗口中输入命令：QUIT（大小写均可，但不能是全角字母），按下 Enter 键，退出系统。

实训 2　认识项目管理器

跟我做

实训要求
- 能简单配置 Visual FoxPro 6.0 环境
- 掌握项目管理器的使用方法
- 能建立项目文件

实例 1　修改系统日期、时间的显示方式，并建立工作目录。

操作步骤：

（1）启动 Visual FoxPro 6.0 系统，在系统主菜单中选择"工具"选项，单击其中的"选项"命令，打开"选项"对话框（见图 1-1）。

（2）选择"区域"选项卡，设置日期显示格式。分别设置不同的日期格式，如美语、月/日/年、年/日/月、年/月/日、汉语等不同的方式，在预览栏观察日期显示格式有什么不同。同时可设置日期中的分隔符，如选择"-"或"/"等，选择年份显示位数。

（3）设置货币和数字的显示格式。在货币符号栏输入不同的货币符号，设置千位分隔符及小数位数，在预览栏观察数据显示有何变化。

（4）选择"文件位置"选项卡，设置默认目录。双击其中的"默认目录"项，显示"更改文件位置"对话框，如图 1-2 所示。

（5）选中"使用默认目录"项，在"定位默认目录"框中输入默认目录（该文件夹必须已存在），例如，e:\book，单击"确定"按钮。最后单击"设置为默认值"按钮，则下次启动 Visual FoxPro 6.0 时使用设定的目录，否则仅在当前有效。

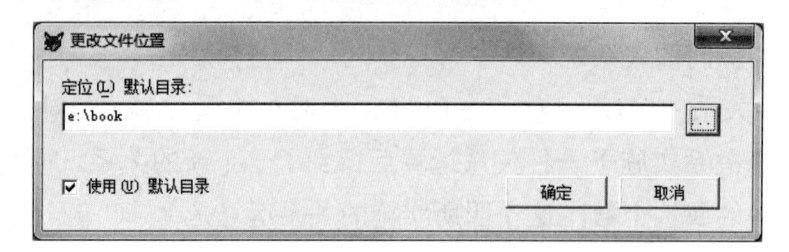

图 1-2 "更改文件位置"对话框

实例 2　创建项目文件"图书管理"。

操作步骤：

（1）单击系统菜单"文件"中的"新建"选项，在打开的"新建"对话框中，选择"项目"，新建一个项目文件。

（2）在"创建"对话框中选择保存位置为 e:\book，项目文件名为"图书管理"，再单击"保存"按钮保存项目文件，启动"项目管理器"窗口。

（3）关闭并保存以上建立的项目文件。

实例 3　打开已建立的项目文件"图书管理"。

操作步骤：

（1）单击系统菜单"文件"中的"打开"命令。

（2）在打开的"打开"对话框中，选择要打开的项目文件，例如，"图书管理.pjx"项目文件。

（3）单击"确定"按钮，打开"图书管理"项目文件。

实例 4　查看项目管理器的组件。

操作步骤：

（1）打开已创建的项目文件"图书管理"。

（2）观察各选项卡的组成，其中"全部"选项卡包含了其他 5 个选项卡的全部内容。

（3）分别展开"数据""文档""类""代码"和"其他"选项卡，查看它们包含的选项。

如果某个项目中包含相同类型的多个选项，则在该类型项目旁出现一个"+"；单击"+"，可展开该项目，如图 1-3 所示。

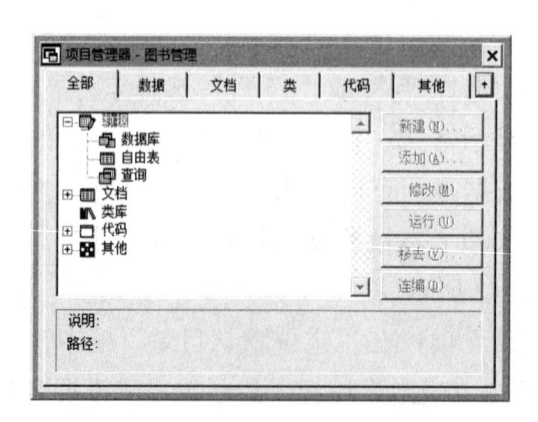

图 1-3　"全部"选项卡

练一练

1. 填空题

（1）在 Visual FoxPro 6.0 中，用户要定制自己的系统环境，应单击_____菜单中的_____菜单项。

（2）在"选项"对话框中，要设置日期和时间的显示格式，应选择"选项"对话框的_____选项卡。

（3）数据库及其表文件在项目管理器的_____和_____选项卡中显示和管理。

（4）项目管理器的"移去"按钮有两个功能，一是将文件_____，二是将文件_____。

2. 选择题

（1）在"选项"对话框的"文件位置"选项卡中，可以设置（　　）。
　　A．表单的默认大小　　　　　　B．默认目录
　　C．日期和时间的显示格式　　　D．程序代码的颜色

（2）项目管理器的"文档"选项卡用于显示和管理（　　）。
　　A．表单、报表和查询　　　　　B．数据库、表单和报表
　　C．查询、报表和视图　　　　　D．表单、报表和标签

（3）在 Visual FoxPro 的项目管理器中不包括的选项卡是（　　）。
　　A．数据　　　B．文档　　　C．类　　　D．表单

（4）项目管理器的"数据"选项卡用于显示和管理（　　）。
　　A．数据库、自由表、查询和报表　　B．数据库、视图和查询
　　C．数据库、自由表和查询　　　　　D．数据库、表单和查询

做一做

1．通过"工具"菜单中的"选项"命令，打开"选项"对话框，分别观察各个选项卡所包含的内容。

2．在项目管理器的"数据"选项卡中，添加一个自由表 Labels.dbf（该文件在 Vfp98 文件夹下），并浏览该表的内容。

3．在项目管理器的"文档"选项卡中，添加一个表单文件 Topic.scx（该文件在 \Vfp98\Wizards\Template\Books\Forms 文件夹中），并运行该文件；再添加报表文件 By_topic.frx（该文件在\Vfp98\Wizards\Template\ Books\Reports 文件夹中）。

4．分别移去以上 3 个文件：Labels.dbf、Topic.scx 和 By_topic.frx。

第 2 章 Visual FoxPro 基本操作

2.1 知识结构图

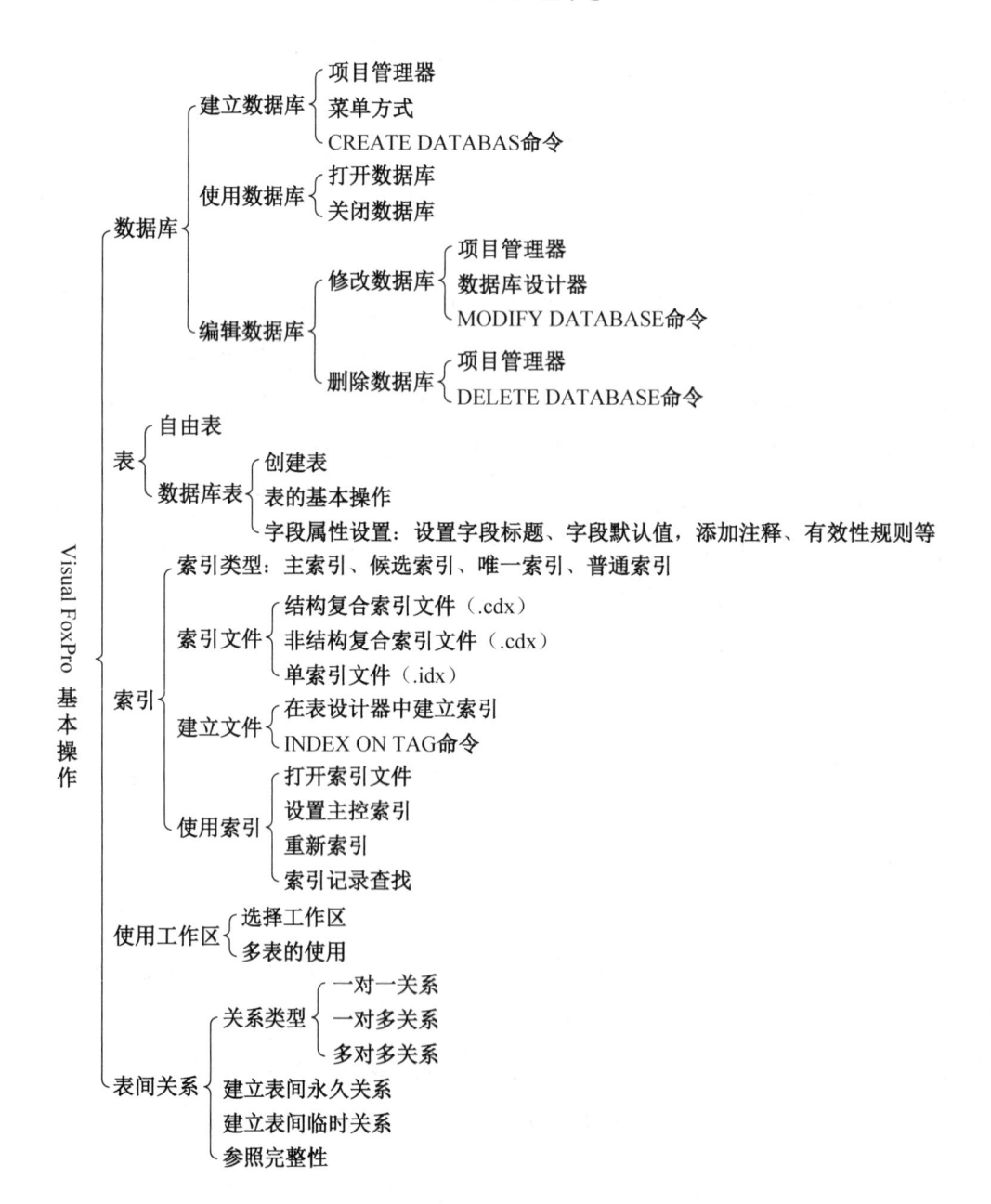

Visual FoxPro 基本操作
- 数据库
  - 建立数据库
    - 项目管理器
    - 菜单方式
    - CREATE DATABAS命令
  - 使用数据库
    - 打开数据库
    - 关闭数据库
  - 编辑数据库
    - 修改数据库
      - 项目管理器
      - 数据库设计器
      - MODIFY DATABASE命令
    - 删除数据库
      - 项目管理器
      - DELETE DATABASE命令
- 表
  - 自由表
  - 数据库表
    - 创建表
    - 表的基本操作
    - 字段属性设置：设置字段标题、字段默认值，添加注释、有效性规则等
- 索引
  - 索引类型：主索引、候选索引、唯一索引、普通索引
  - 索引文件
    - 结构复合索引文件（.cdx）
    - 非结构复合索引文件（.cdx）
    - 单索引文件（.idx）
  - 建立文件
    - 在表设计器中建立索引
    - INDEX ON TAG命令
  - 使用索引
    - 打开索引文件
    - 设置主控索引
    - 重新索引
    - 索引记录查找
- 使用工作区
  - 选择工作区
  - 多表的使用
- 表间关系
  - 关系类型
    - 一对一关系
    - 一对多关系
    - 多对多关系
  - 建立表间永久关系
  - 建立表间临时关系
  - 参照完整性

2.2 知识要点

1. 数据库设计理论基础

在关系数据库设计理论中,规范化规则规定了一个设计良好的数据库必须取舍的一些属性。这些规范化规则非常复杂,已经超出了本书的学习范围,但有一些简单的规则可以帮助程序开发者设计出合理的数据库。这些规则有:
- 每个表都应该具有标识符(关键字);
- 一个表应该只存储一种实体的数据;
- 表中不应该有允许空值的列;
- 表中不应该有重复的数据值和列。

2. 创建数据库及表

在 Visual FoxPro 6.0 中,除了在项目管理器窗口中创建数据库外,还可以使用 CREATE DATABASE 命令建立数据库,包括扩展名分别为.dbc、.dct 和.dcx 的 3 个文件,用户不能直接修改这些文件的内容。

打开数据库时,可以在项目管理器窗口中选择要打开的数据库,也可以使用 OPEN DATABASE 命令打开数据库。

创建表结构其实就是设计字段的基本属性。可以使用表设计器、表向导或 SQL 命令来创建表结构,对表结构的修改可以使用 MODIFY STRUCTURE 命令。有关表操作的常用命令如表 2-1 所示。

表 2-1 有关表操作的常用命令

命 令	功 能
CREATE 表文件名	创建一个自由表
USE 表文件名	打开指定的表文件
USE	关闭当前表文件
LIST ALL	显示当前表的全部记录内容
DISPLAY ALL	分屏式地显示当前表的全部记录内容
DISPLAY STRUCTURE	显示当前表的结构(分屏显示)
LIST STRUCTURE	显示当前表的结构(不分屏显示)
MODIFY STRUCTURE	打开表设计器,修改当前表的结构

本章将以"图书管理"为例,设计一个"Books"数据库,该数据库包含"图书""读者""借阅"等表。在这个数据库中能了解到所有图书的信息、读者的信息、图书借阅情况等。

3．浏览记录

在 Visual FoxPro 6.0 中，可以通过"浏览"窗口或"编辑"窗口浏览表中的记录。"浏览"窗口和"编辑"窗口可以相互切换。

使用 LIST 或 DISPLAY 命令可以显示记录。LIST 与 DISPLAY 命令的区别是：LIST 命令连续显示表中记录，直到显示全部记录为止，而 DISPLAY 命令是显示当前记录。使用这两个命令都可以有条件地显示记录。

4．定位记录

定位记录包括记录指针的绝对移动和相对移动两种方式。绝对移动记录指针使用 GO 或 GOTO 命令，相对移动记录指针使用 SKIP 命令，如表 2-2 所示。

表 2-2　记录定位命令

命令格式		功　能	备　注
绝对定位	GO TOP	将记录指针定位到表文件之首	或 GOTO TOP
	GO BOTTOM	将记录指针定位到表文件之尾	或 GOTO BOTTOM
	GO <n>	将记录指针定位到指定的 n 号记录	或 GOTO <n>
相对定位	SKIP <n>	将记录指针从当前记录向上或向下移动 n 个	n 为正值则向下移动；n 为负值则向上移动；无 n 则向下移动 1 个

测试记录指针经常使用 EOF()、BOF()、RECNO()函数，打开表时表中记录指针情况如表 2-3 所示。

表 2-3　打开表时表中记录指针情况

表中记录	BOF()的值	RECNO()的值	EOF()的值
有记录	.F.	1	.F.
无记录	.T.	1	.T.

在"浏览"或"编辑"记录窗口可以直接对记录进行修改，也可以使用 EDIT、CHANGE 或 BROWSE 命令在"浏览"或"编辑"记录窗口进行修改，但修改记录的方式是逐条进行的。

如果要成批修改记录，可以使用成批替换记录命令 REPLACE。

5．数据统计

1）统计记录

统计记录个数，使用 COUNT 命令，命令格式如下：

```
COUNT [<范围>] [TO <内存变量>][FOR <条件>]
```

该命令统计指定范围内满足条件的记录个数，结果可存入内存变量。

2）数值字段列向求和

数值字段列向求和使用 SUM 命令，格式如下：

```
SUM [<范围>] [<数值表达式列表>] [TO <内存变量列表>] [FOR <条件>]
```

该命令对当前表中数值型字段列向求和。若省略所有选项，则对表中的所有数值型字段列向求和。<数值表达式列表>是由数值型字段组成的表达式，使用该选项，仅计算各个数值表达式的值，各表达式之间用逗号间隔。如果使用 TO <内存变量列表>选项，则将各个数值表达式的值或数值型字段的值依次赋给各个内存变量，内存变量的个数必须与数值表达式的个数相同。

3）数值字段列向求平均值

使用 AVERAGE 命令可以快速计算数值字段的平均值，其命令格式如下：

```
AVERAGE [<范围>] [<数值表达式列表>] [TO <内存变量列表>][FOR <条件>]
```

该命令对当前表中数值型字段列向求平均值。AVERAGE 命令与 SUM 命令的用法完全相同，不同之处是前者对数值型字段或数值表达式列向求平均值，后者求和。

6．建立索引

Visual FoxPro 6.0 中的索引是由指针构成的文件，这些指针在逻辑上按照索引关键字的值进行排序。索引文件和表文件分别存储，并且不改变表中记录的物理顺序。实际上，创建索引就是创建一个由指向.dbf 文件记录指针构成的文件。若根据特定顺序处理记录，可以选择一个相应的索引，使用索引还可以加速对表的查看和访问。

在 Visual FoxPro 6.0 中，索引分为主索引、候选索引、普通索引和唯一索引 4 种类型。

一个数据库表只能建立一个主索引，可以建立多个候选索引。一个表可以建立多个候选索引和普通索引，每个索引决定了该表记录的一种逻辑排列顺序。自由表不能建立主索引。

建立索引可以在表设计器的"索引"选项卡中设置，并且可以设置主索引。使用命令方式只能建立普通索引、唯一索引（UNIQUE）或候选索引（CANDIDATE），不能建立主索引。

1）建立单索引文件命令

```
INDEX ON <索引表达式> TO <单索引文件名> [FOR <条件>]
```

建立的单索引文件名的扩展名为.idx，是为了兼容以前版本建立的索引文件。

2）建立结构复合索引文件命令

```
INDEX ON <索引表达式> TAG <索引名> [FOR <条件>] [ASCENDING | DESCENDING]
      [UNIQUE] [CANDIDATE]
```

结构复合索引文件与其表文件具有相同的文件名（扩展名不同）。

3）建立非结构复合索引文件命令

INDEX ON <索引表达式> TAG <索引名> OF <索引文件名> [FOR <条件>]
[ASCENDING | DESCENDING] [UNIQUE]

非结构复合索引文件名由用户指定，且不能与表同名。非结构复合索引中不能定义候选索引。

7．使用索引

1）打开索引文件

SET INDEX TO <索引列表>

索引列表中各索引文件用逗号分开，可以包含.idx 索引和.cdx 索引。与表文件名相同的结构复合索引文件在打开表时自动打开。

USE <表名> ORDER <标识名>

打开表的同时指定主控索引。

2）设置主控索引

SET ORDER TO [<数值表达式>] | [TAG] <索引名> [OF <复合索引文件名>]
[ASCENDING | DESCENDING]]

3）使用索引快速查找记录

SEEK <表达式>

只能在索引文件中查找记录。

4）删除索引

删除索引可以在表设计器的"索引"选项卡中进行。使用命令删除结构索引的格式如下：

DELETE TAG <索引名>
DELETE TAG ALL 表示删除全部索引

8．设置字段属性

数据库表的字段属性设置包括：设置字段标题，设置字段注释来标识字段信息，设置字段默认值，设置字段输入掩码和显示格式，设置字段有效性规则来限制输入字段的数据内容等。数据库表具有这些字段属性，而自由表没有这些属性，这也是数据库表与自由表的一个区别。

字段级规则是一种与字段相关的有效性规则，在插入或修改字段值时被激活，多用于数据输入正确性的检验。

记录级规则是一种与记录相关的有效性规则，当插入或修改记录时被激活，常用来检验数据输入和正确性。记录被删除时不使用有效性规则。记录级规则在字段级规则之后和触器之前激活，在缓冲更新时工作。

触发器是一个与表紧密相关的表达式，当对表中的记录进行插入、更新或删除操作时激活相应的触发器。触发器是作为某个特定表的属性而存在的，如果将一个表从数据库中移走，与这个表相关的触发器也立即被删除。触发器表达式必须是一个逻辑表达式，返回真（.T.）或假（.F.）值。

每个表最多创建 3 个触发器：插入触发器、更新触发器和删除触发器。

9．工作区的使用

所谓工作区就是在内存中为表独立开辟的存储空间。要使用多个表，就要使用多工作区。一个工作区就是一个编号区域，Visual FoxPro 6.0 定义了 32767 个工作区。在应用程序中通常使用该工作区中表的别名来标识工作区。表别名是一个名称，它可以引用工作区中打开的表。

1）使用数据工作期

使用"数据工作期"窗口可以查看打开的表。要打开"数据工作期"窗口，可以在"命令"窗口输入 SET 命令。每个数据工作期包含了它自己的一组工作区，这些工作区包括工作区中打开的表、表索引及表之间的关系。在"数据工作期"窗口打开表时，系统指定最低可用的工作区号。

2）指定工作区

当前工作区是指正在使用的工作区。可以通过"数据工作期"窗口或用 SELECT 命令把任何一个工作区设置为当前工作区。指定工作区的命令如下：

```
SELECT <工作区号> | <别名> | <0>
```

3）在工作区打开或关闭表

使用 USE 命令打开表的格式如下：

```
use <表名> [alias <别名>] [again]
```

在指定工作区打开多个表，其 USE 命令格式如下：

```
USE <表名> IN <工作区号> | <别名> | <0>
```

可以在"数据工作期"窗口中查看各工作区打开的表。

在一个工作区中不能同时打开多个表。

4）使用表的别名

表的别名是指在工作区中打开表时为该表所定义的名称。可以自定义别名，否则系统默认表名作为别名。若一张表在多个工作区中被打开，系统默认在表名后依次加_a、_b……除此之外，用户还可以使用 USE <表名> ALIAS <别名>命令来指定别名。

如果使用包含 AGAIN 子句的 USE 命令，则可以同时在多个工作区中打开同一个表；如果在每个工作区中打开该表时都没有指定别名，这时系统根据情况自动为表指定别名。

在别名后加上"."或"->"，然后再接字段名，可以引用其他工作区的字段。

5）表的独占与共享使用

独占使用是指一张表只能被一个用户打开。Visual FoxPro 6.0 在默认状态下以独占方式打开表。

共享使用是指一张表可以被多个用户同时打开。

系统的默认打开方式可以通过"工具"菜单中的"选项"设置，或用下列命令设置（在命令窗口输入操作命令时，命令后带"&&"的内容为注释信息，不需要输入，以下类同）：

```
SET EXCLUSIVE OFF        &&默认打开方式为共享
SET EXCLUSIVE ON         &&默认打开方式为独占
```

例如：

```
USE 图书 SHARED          &&以共享方式打开"图书"表
USE 图书 EXCLUSIVE       &&以独占方式打开"图书"表
```

6）利用缓冲访问表中的数据

数据缓冲是指先将对表记录的修改存放在缓冲区中，用户决定是否用缓冲区中的数据更新表文件。它是 VFP6.0 在多用户环境下用来保护对表记录所做的数据更新和数据维护操作的一种技术。

数据缓冲包括记录缓冲和表缓冲两种类型。

● 记录缓冲：当记录指针移动或关闭表时，缓冲区自动更新表中的相应记录。

● 表缓冲：当发出更新表的命令或关闭表时更新表。

10．建立表间关系

Visual FoxPro 6.0 中数据库表之间有 3 种关系：一对一关系、一对多关系和多对多关系。

两个表之间的一对一关系不常使用，因为在许多情况下，两个表的信息可以简单地合并成一个表。

一对多关系是关系数据库中最普遍的关系。"一"方使用主关键字或候选索引关键字，而"多"方使用普通索引关键字。

在使用多对多关系的数据库时，需要创建第 3 个表，把多对多关系分解成两个一对多的关系，第 3 个表起桥梁作用。

建立表间关系包括建立表间临时关系和建立表间永久关系。在"数据工作期"窗口建立两个表之间的关系，这种关系是临时关系。当关闭数据库表时，这种关系也随之撤销。使用 SET RELATION 命令也可以建立表间的临时关系，命令格式如下：

```
SET RELATION TO <关联表达式> INTO <工作区号>|<别名> [ADDITIVE]
```

不带参数的 SET RELATION TO 命令用于撤销关系。

永久关系是数据库表之间的一种关系，不仅运行时存在，而且一直保留。表之间的永久关系是通过索引建立的。

11．临时关系与永久关系的区别

- 临时关系用于在打开的两个表之间控制相关表之间记录的访问；而永久关系主要用于存储相关表之间的参照完整性，也可以作为默认的临时关系或查询中默认的连接条件。
- 临时关系在表打开之后使用 SET RELATION 命令建立，随表的关闭而解除；永久关系永久地保存在数据库中，而不必在每次使用表时重新创建。
- 临时关系可以在自由表之间、库表之间或自由表与库表之间建立，而永久关系只能在库表之间建立。
- 临时关系中一个表不能有两个主表（除非这两个主表是通过子表的同一个主控索引建立的临时关系），永久关系则不然。

12．参照完整性

建立参照完整性涉及生成一系列规则，以便在输入或删除记录时，能保持已定义的表间关系。实施参照完整性规则，可以确保以下几方面：

- 当主表中没有记录时，记录不得添加到相关表中；
- 主表的值不能改变，如果改变将导致相关表中出现孤立的记录；
- 若某主表记录在相关表中有匹配记录，则该主表记录不能被删除。

Visual FoxPro 6.0 的参照完整性规则包括更新规则、删除规则和插入规则。

用户也可以编写自己的触发器和存储过程代码来实施参照完整性。

在建立参照完整性之前必须先清理数据库，所谓清理数据库就是物理删除数据库各个表中所有带删除标记的记录。

实训 1　创建数据库和表

跟我做

实训要求

- 能熟练创建数据库
- 能熟练创建表
- 能修改表的结构

实例 1　在"图书管理"项目中创建"Books"数据库。

操作步骤：

（1）打开项目文件"图书管理"，在"数据"选项卡中选择"数据库"。

（2）单击"新建"按钮，在"新建数据库"对话框中单击"新建数据库"按钮。

（3）在打开的"创建"对话框中输入数据库名"Books"，保存在 e:\book 文件夹中。

这时系统自动打开"数据库设计器"窗口,单击"关闭"按钮,关闭数据库设计器。

在项目管理器的"数据"选项卡中,展开"数据库"及其中的"表",如图2-1所示,观察它的组成。

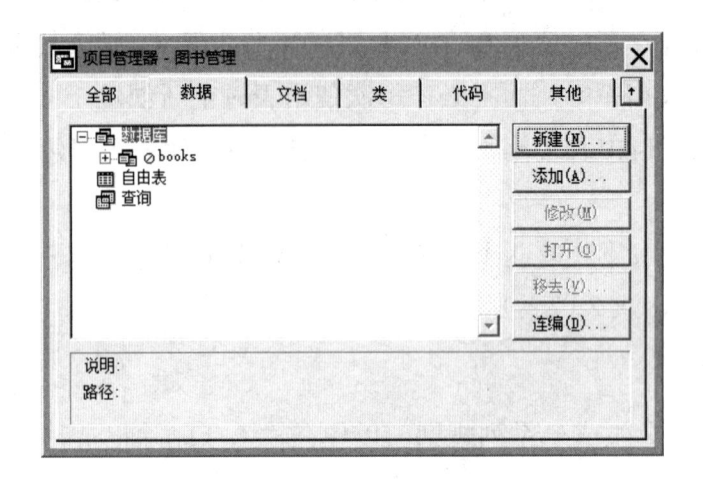

图2-1 "数据"选项卡

使用 CREATE DATABASE 命令也可以创建数据库,例如,创建"Books"数据库,在命令窗口中输入命令:

```
CREATE DATABASE Books
```

实例2 在"Books"数据库中创建"图书"表,"图书"表结构如表2-4所示。

表2-4 "图书"表结构

字 段 名	类 型	宽 度	小 数 位 数
图书id	C	5	
书名	C	50	
作者	C	16	
单价	N	6	2
版次	C	2	
出版日期	D	8	
备注	M	4	

操作步骤:

(1)在项目管理器的"数据"选项卡中选择"Books"数据库的"表",单击"新建"按钮,打开"新建表"对话框。

(2)单击"新建表"按钮,在"创建"对话框中输入要创建的表名"图书",单击"确定"按钮,打开"表设计器"对话框。

(3)在表设计器的"字段"选项卡中依次输入表的各个字段名及其属性。如果输入错误,要及时修改。"字段"选项卡如图2-2所示。

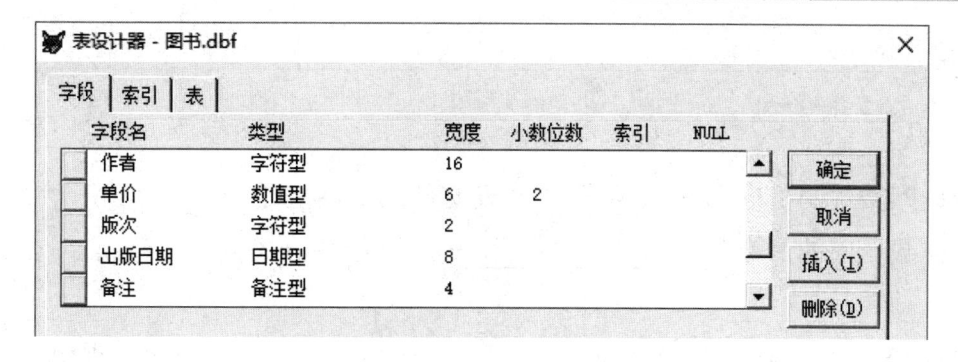

图 2-2 "字段"选项卡

（4）保存建立的表结构，暂时不输入记录。

使用命令方式建立数据库表：

```
OPEN DATABASE Books
CREATE 图书
```

实例 3 修改实例 2 "图书"表结构。要求：在"单价"和"版次"字段之间增加"出版社 id"字段（C，2），在"备注"字段前增加"封面"字段（通用型），将"作者"字段修改为"作者 id"（C，4）。

操作步骤：

（1）打开"图书管理"项目文件，在"数据"选项卡中选择"Books"数据库中的"表"，再选择"图书"表，单击"修改"按钮。

（2）在打开表设计器的"字段"选项卡中，将鼠标指针指向"版次"字段，单击"插入"按钮，插入"出版社 id"字段，字符型，长度为 2。

（3）用同样的方法，在"备注"字段前插入"封面"字段，类型为"通用型"。

（4）将指针指向"作者"字段，把"作者"字段名改为"作者 id"，类型为"字符型"，宽度为 4。

（5）单击"确定"按钮，保存修改后的表结构。

使用命令方式修改表结构：

```
MODIFY STRUCTURE
```

想一想

（1）如何创建一个名为"古典名著"的自由表？

（2）如何将"古典名著"表添加到数据库中？

（3）一个表中能否有两个字段名相同但类型不同的字段？

（4）一个表中是否只能有一个备注型字段和一个通用型字段？

练一练

1．填空题

（1）数据库文件的扩展名是_____，表文件的扩展名是_____。

（2）建立数据库的命令是_____，以独占方式打开"Books"数据库的命令是_____。

（3）Visual FoxPro 6.0 中的表分为_____表和_____表两种类型。

（4）修改表结构的命令是_____。

（5）在 Visual FoxPro 的字段类型中，系统默认的日期型数据占_____字节，逻辑型字段占_____字节。

2．选择题

（1）扩展名为.dbc 的文件是（   ）。

　　A．表单文件　　　　　　　　B．数据库表文件
　　C．数据库文件　　　　　　　D．项目文件

（2）打开一个数据库的命令是（   ）。

　　A．USE　　　　　　　　　　B．USE DATABASE
　　C．OPEN　　　　　　　　　 D．OPEN DATABASE

（3）在 Visual FoxPro 6.0 中，打开表设计器建立数据库表 ST.dbf 的命令是（   ）。

　　A．MODIFY STRUCTURE ST　　B．MODIFY COMMAND ST
　　C．CREATE ST　　　　　　　　D．CREATE TABLE ST

（4）以下关于自由表的叙述，正确的是（   ）。

　　A．使用 Visual FoxPro 6.0 不能建立自由表
　　B．可以用 Visual FoxPro 6.0 建立自由表，但不能把它添加到数据库中
　　C．自由表可以添加到数据库中，数据库表也可以从数据库中移去成为自由表
　　D．自由表可以添加到数据库中，但数据库表不可以从数据库中移去成为自由表

（5）在表结构中，逻辑型、日期型、备注型字段的宽度分别固定为（   ）。

　　A．3，8，10　　　　　　　　B．1，6，4
　　C．1，8，任意　　　　　　　D．1，8，4

（6）自由表中字段名长度的最大值是（   ）。

　　A．8　　　　　B．10　　　　　C．128　　　　　D．255

（7）下列命令中，可以打开数据库设计器的是（   ）。

　　A．CREATE DATABASE　　　　B．MODIFY DATABASE
　　C．OPEN DATABASE　　　　　D．USE DATABASE

（8）在执行向数据库中添加表的操作时，下列说法错误的是（   ）。

　　A．可以将自由表添加到数据库中

B．可以将数据库表添加到另一个数据库中

C．可以在项目管理器中将自由表拖放到数据库中

D．先将数据库表移出数据库成为自由表，再添加到另一个数据库中

（9）下列说法正确的是（ ）。

A．数据库打开时，该库所属的表将自动打开

B．当打开数据库中的某个表时，该表所在的数据库将自动打开

C．如果数据库以独占的方式打开，则该库所属的表只能以独占方式打开

D．如果数据库中的某个表以独占方式打开，则库中的其他表也只能以独占方式打开

（10）在 Visual FoxPro 中存储图像的字段类型应该是（ ）。

  A．字符型 B．通用型 C．备注型 D．双精度型

（11）在 Visual FoxPro 中，创建一个名为 SDB 的数据库文件，使用命令（ ）。

  A．CREATE   B．CREATE SDB

  C．CREATE TABLE SDB D．CREATE DATABASE SDB

做一做

1．在"Books"数据库中创建一个名为"读者"的表，其结构如表 2-5 所示。

表 2-5 "读者"表结构

字 段 名	类 型	宽 度
借书证号	C	4
姓名	C	8
性别	C	2
出生日期	D	8
职称	C	8
单位	C	20
电话	C	15

2．使用 CREATE 命令建立一个名为"借阅"的自由表，其结构如表 2-6 所示。

表 2-6 "借阅"表结构

字 段 名	类 型	宽 度
借书证号	C	4
图书 ID	C	5
借书日期	D	8
还书日期	D	8
标记	C	2

3．将上述创建的"借阅"自由表，添加到"books"数据库中。

实训 2　输　入　记　录

跟我做

实训要求

● 熟练使用菜单方式向表中输入记录
● 能用命令方式向表中输入记录和追加记录

实例 1　在"图书"表中输入如图 2-3 所示的记录。

图 2-3　"图书"表记录

操作步骤：

（1）在"图书管理"的"项目管理器"窗口中选择"books"数据库的"图书"表。

（2）单击"浏览"按钮，打开"浏览"表窗口。

（3）单击"表"菜单中的"追加新记录"命令，在"浏览"表窗口输入第 1 条记录。

（4）输入一条记录结束后，再单击"表"菜单中的"追加新记录"命令，输入下一条记录，直至输入全部记录。

通过单击"显示"菜单中的"追加方式"命令，也可以连续输入记录。

实例 2　在"图书"表中分别追加记录（见图 2-4）和插入记录（见图 2-5）。

图 2-4　要追加的记录

图 2-5　要插入的记录

操作步骤：

（1）在"浏览"窗口打开"图书"表，单击"表"菜单中的"追加新记录"命令，在"浏览"表窗口追加如图 2-4 所示的记录。

也可以使用命令方式追加记录，在"命令"窗口输入命令：

```
USE 图书
APPEND
```

这时打开"编辑"记录窗口，追加记录，此时可以连续追加多条记录。追加记录结束后，按 Ctrl+W 组合键保存并退出"编辑"窗口。

（2）在第 3 条记录之前插入记录。在"命令"窗口输入命令：

```
USE 图书
GO 3                       &&将记录指针指向第 3 条记录
INSERT BLANK BEFORE        &&在第 3 条记录的位置插入一条空记录
BROWSE                     &&打开"浏览"记录窗口
```

（3）输入如图 2-5 所示的记录。

保存后可以查看追加和插入记录后的"图书"表。

实例 3　对"图书"表第 1 条记录的"备注型"字段输入备注信息。

操作步骤：

（1）在"浏览"窗口浏览"图书"表，没有输入"备注"内容的字段显示为"memo"。

（2）将鼠标指针指向第 1 条记录的"备注"字段，双击"memo"或按 Ctrl+PgDn 组合键，出现"编辑"文字窗口，在该窗口中输入如图 2-6 所示的文字。

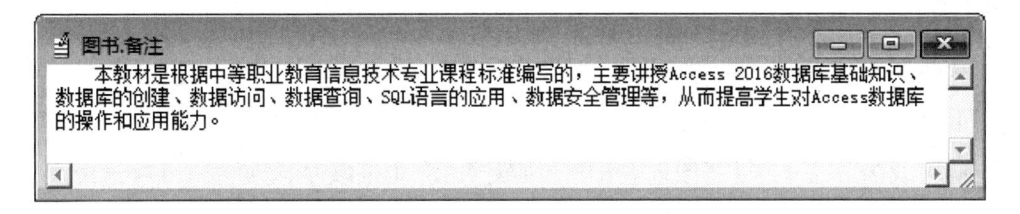

图 2-6　"备注"型字段内容

（3）输入备注型数据后，单击窗口右上角的"关闭"按钮返回。此时"memo"变为"Memo"字样，表示该字段中已经存在数据。

实例 4　将与"图书"表结构相同的"Tstemp"表中的记录追加到"图书"表中，"Tstemp"表中的记录如图 2-7 所示。

图 2-7　"Tstemp"表中的记录

操作步骤：

使用命令方式追加记录，在"命令"窗口输入下列命令：

```
USE 图书
APPEND FROM Tstemp         &&将"Tstemp"表中的记录追加到当前表中
BROWSE                     &&浏览"图书"表记录
```

追加记录后"图书"表中的记录如图 2-8 所示。

图 2-8 追加记录后的"图书"表记录

练一练

1．填空题

（1）在数据库表中追加记录，可以使用"显示"菜单中的_____命令，或"表"菜单中的"追加新记录"命令。

（2）在输入或编辑备注型字段时，在"浏览"窗口的该字段处按_____键。

（3）当前表中有 10 条记录，当前记录号是 5，执行 APPEND BLANK 命令后，当前记录号是_____。

（4）当前表中有 10 条记录，当前记录号是 5，执行 INSERT BEFORE BLANK 命令后，当前记录号是_____。

2．选择题

（1）在表的末尾追加一条空记录，使用命令（　　）。

  A．APPEND   B．APPEND BLANK

  C．INSERT   D．INSERT BLANK

（2）要将一个表中的全部记录追加到当前表中，可以使用命令（　　）。

  A．APPEND   B．INSERT

  C．INSERT FROM   D．APPEND FROM

（3）在 Visual FoxPro 中，以独占方式打开数据库文件的命令短语是（　　）。

  A．EXCLUSIVE   B．SHARED

C．NOUPDATE　　　　　　　　D．VALIDATE

（4）以下关于空值（null）的叙述，正确的是（　　）。

　　A．空值等同于数值 0

　　B．Visual FoxPro 不支持 null

　　C．空值等同于空字符串

　　D．null 表示字段或变量还没有确定值

做一做

1．在"Books"数据库的"读者"表中输入如图 2-9 所示的记录。

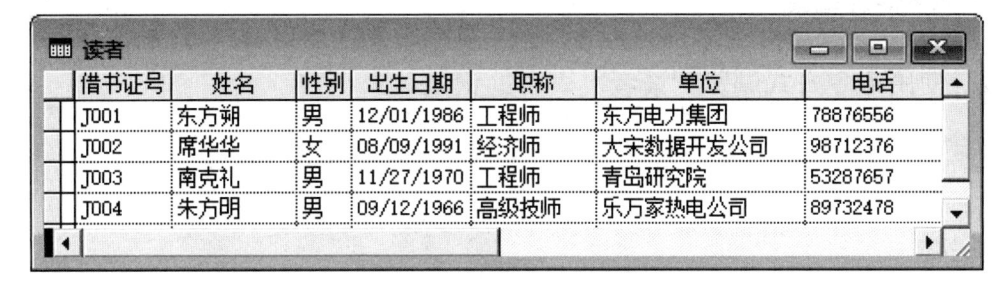

图 2-9　"读者"表记录

2．使用 APPEND 命令在"Books"数据库的"借阅"表中输入如图 2-10 所示的记录。

图 2-10　"借阅"表记录

3．在"读者"表中追加如图 2-11 所示的两条记录。

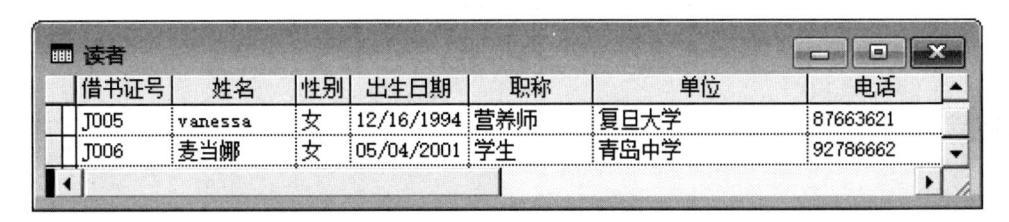

图 2-11　要追加的记录

4．给"图书"表第 1 条记录的"封面"字段插入一张图片，图片自定。

实训 3　浏览与编辑记录

跟我做

实训要求

- 能通过窗口或命令方式浏览记录
- 学会记录指针的绝对移动和相对移动方法
- 能对记录进行编辑

实例 1　使用命令方式浏览"读者"表中的记录。

输入命令：

```
USE 读者
BROWSE
```

打开"浏览"窗口，显示"读者"表记录，如图 2-12 所示。

图 2-12　"读者"表记录

单击"显示"菜单中的"编辑"或"浏览"命令，可以在记录的"编辑"或"浏览"窗口之间进行切换。

在"命令"窗口输入 EDIT 或 CHANGE 命令，也可以打开"编辑"记录窗口来浏览记录。

在"编辑"或"浏览"记录窗口可以直接对记录字段进行修改。

实例 2　显示"读者"表中所有"男"性记录。

输入命令：

```
USE 读者
LIST FOR 性别="男"
```

执行上述命令后在系统主窗口中显示满足条件的记录。

实例 3　显示"读者"表中男性且在 1980 年以前出生的所有记录的前 5 个字段。

该操作需要两个条件：性别="男" 和出生日期<={^1980/01/01}。

输入命令：

```
LIST FOR 性别="男" AND 出生日期<={^1980/01/01} FIELDS 借书证号,姓名,;
性别,出生日期,职称
```

或·

```
DISPLAY FOR 性别="男" AND 出生日期<={^1980/01/01} FIELDS 借书证号,姓名,;
性别,出生日期,职称
```

屏幕显示：

```
记录号  借书证号  姓名   性别  出生日期      职称
   3    J003     南克礼  男   11/27/1970   教授
   4    J004     朱方明  男   09/12/1966   高级技师
```

实例 4 "读者"表中有 6 条记录，对记录指针进行操作，并理解各操作命令的含义。

输入命令：

```
USE 读者 EXCLUSIVE              &&以独占方式打开表，指针指向首记录
? RECCOUNT()                    &&测试表中记录数
      6
? RECNO(),BOF()                 &&测试记录号和文件头函数的值
      1    .F.
SKIP -1                         &&指针上移到文件头
? RECNO(),BOF(),EOF()           &&测试记录号、文件头、文件尾函数的值
      1    .T.   .F.
GO BOTTOM                       &&指针指向最后一条记录
? EOF(),RECNO()                 &&测试文件尾和记录号函数的值
     .F.   6
SKIP                            &&指针下移到文件尾
? RECNO(),EOF()
      7    .T.
SKIP -3                         &&指针上移 3 条记录
? RECNO()
      4                         &&指针指向 4 号记录
```

实例 5 逐条修改记录，将"读者"表中的职称"教授"改为"工程师"；成批修改记录，将职称"学生"改为"助工"。

操作步骤：

（1）逐条修改操作。在"读者"表的"浏览"窗口中，将鼠标指针指向职称是"教授"的记录，将"教授"改为"工程师"。如果有多条记录，逐条修改。

（2）成批修改操作。在"读者"表的"浏览"窗口中，单击"表"菜单中的"替换字段"

命令。

（3）在打开的"替换字段"对话框的各个相应项中，输入修改条件，如图2-13所示。

图2-13 "替换字段"对话框

在"替换为"和"For"两项中可以打开"表达式生成器"对话框，输入相应的表达式。在书写表达式时应注意表达式的类型，例如，在上述替换操作过程中，"学生"是字符串表达式，"职称="学生""是关系表达式。

对于备注型和通用型字段内容的修改操作，与输入数据时的操作相同。

想一想

在"替换字段"对话框中，"作用范围"有哪些选项？分别是什么含义？

练一练

1. 填空题

（1）打开一个空表时，EOF()的值是_____，BOF()的值是_____，RECNO()的值是_____。

（2）在定位记录时，其作用范围有4种选择，All表示_____，Next表示_____，Record表示_____，Rest表示_____。

2. 选择题

（1）打开一个表后，如果要显示其中的记录，可以使用命令（　　）。

　　A．BROWSE　　B．SHOW　　C．VIEW　　D．OPEN

（2）若要显示年龄（N，2）为10的整数倍的职工记录，下列命令错误的是（　　）。

　　　A．LIST FOR MOD（年龄，10）=0

　　　B．LIST FOR 年龄/10=INT（年龄/10）

　　　C．LIST FOR SUBSTR（STR（年龄，2），2，1）= "0"

　　　D．LIST FOR 年龄=20 .OR. 30 .OR. 40 .OR. 50 .OR. 60

（3）当前表有11条记录，执行GO BOTTOM命令后，当前记录是（　　）。

A．11　　　　　　B．1　　　　　　C．12　　　　　　D．不确定

（4）在浏览记录窗口，将某字段的显示宽度拖放一倍后，该字段的实际宽度将（　　）。

A．增加一倍　　B．减少一半　　C．不变　　D．无法确定

（5）只清空当前表中"单价"字段的全部值，可以使用命令（　　）。

A．MODIFY STRUCTURE　　　　B．DELETE

C．REPLACE　　　　　　　　　D．ZAP

做一做

1. 分别使用"浏览"窗口和"编辑"窗口浏览"图书"表记录。
2. 使用 LIST 或 DISPLAY 命令显示"图书"表中单价在 28 元（含）以上的记录。
3. 显示"图书"表中"图书 ID"字段值首字符是"T"的记录。
4. 依次执行下列命令，写出每步操作对应的 RECNO()、EOF()和 BOF()函数值。

   ```
   USE 图书
   ? RECNO(),EOF(),BOF()

   SKIP -1
   ? RECNO(),EOF(),BOF()

   GO 4
   ? RECNO(),EOF(),BOF()

   GO BOTTOM
   ? RECNO(),EOF(),BOF()

   SKIP
   ? RECNO(),EOF(),BOF()
   ```

5. 使用"表"菜单中的"替换字段"命令，给"图书"表中所有记录的出版日期增加 10 天。

实训 4　删 除 记 录

跟我做

实训要求

- 能删除记录
- 能恢复逻辑删除的记录

实例 1　使用菜单和命令方式逐条逻辑删除“图书”表中的第 2、第 5 和第 7 条记录，再恢复第 5 条记录。

操作步骤：

（1）在“图书”表的“浏览”窗口中，将鼠标指针指向第 2 条记录第 1 个字段左侧的空白处，按鼠标左键，这时在空白处做了一个黑色删除标记。

（2）按照上述方法，给第 5 条记录做删除标记。

（3）使用命令方式删除第 7 条记录，在“命令”窗口输入命令：

```
GO 7
DELETE
```

在“浏览”窗口观察第 7 条记录的删除标记。

（4）恢复第 5 条记录的删除操作，只要单击第 5 条记录的删除标记，取消删除标记即可。也可以在“命令”窗口输入命令：

```
GO 5
RECALL
```

在“浏览”窗口观察第 5 条记录的删除标记。

如果要物理删除记录，可单击“表”菜单中的“彻底删除”命令，删除带删除标记的记录。也可以在“命令”窗口输入命令：

```
PACK
```

想一想

如果物理删除某条记录后，该表的备注型或通用型文件是否一起被删除？该记录所对应的备注型或通用型字段内容是否被一起删除？

实例 2　成批逻辑删除“图书”表中单价在 20～30 元之间的记录。

操作步骤：

（1）在执行删除操作前先浏览“图书”表中的记录，如图 2-14 所示。

图书

图书id	书名	作者id	单价	出版社id	版次	出版日期
T0001	数据库应用基础-Access 2016	W012	39.80	01	1	10/01/2022
X0002	有效教学	C021	41.00	04	1	06/01/2009
C0001	蔷薇岛屿	F002	28.00	17	1	06/01/2008
T0005	抖音短视频全面精通	W056	79.80	02	1	07/01/2023
T0008	Windows 10 中文版应用基础	W002	38.00	01	3	07/01/2022
T0012	办公软件高级应用——Office 2013	W012	43.40	03	5	09/01/2018
C0002	彼岸花	F002	28.00	17	5	05/01/2009
C0003	告别薇安	F002	28.00	17	8	05/01/2010
C0004	春宴	F005	39.00	10	1	08/01/2011
W0001	吾国与吾民	A001	28.00	10	2	03/01/2012

图 2-14　“图书”表记录

（2）在浏览"图书"表的窗口中，单击"表"菜单中的"删除记录"选项。

（3）在打开的"删除"对话框中输入删除范围和条件，如图 2-15 所示。

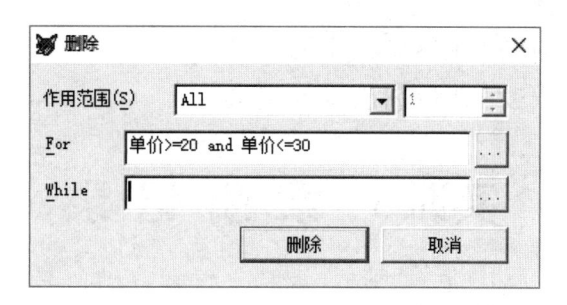

图 2-15 "删除"对话框

观察带删除标记的记录有几条，且符合删除条件的记录是否都带删除标记。

删除条件：单价>=20 and 单价<=30，也可以写成：BETWEEN（单价，20，30）。

想一想

上述删除记录操作后，如果要成批恢复单价为 28 元的记录，使用菜单方式如何操作？使用命令方式如何操作？

练一练

1．填空题

（1）使用 DELETE、RECALL 命令操作时，省略范围选项，则对当前表的_____记录进行操作。

（2）要从当前表中真正删除一条记录，应先用命令_____，再用命令_____。

2．选择题

（1）下列 4 组命令中，两条命令执行的结果可能不同的是（　　）。

　　A．DELETE　　　　　　　　　B．DELETE ALL

　　　　DELETE RECORD RECNO()　　　DELETE FOR .T.

　　C．DELETE FOR <条件>　　　　D．DELETE

　　　　DELETE WHILE <条件>　　　　DELETE NEXT 1

（2）ZAP 命令可以删除当前表的（　　）。

　　A．全部记录　　　　　　　　　B．满足条件的记录

　　C．结构　　　　　　　　　　　D．有删除标记的记录

（3）在数据表中，记录是由字段值构成的数据序列，但数据长度要比各字段宽度之和多 1 字节，这 1 字节用来存放（　　）。

　　A．记录分隔标记　　　　　　　B．记录序号

　　C．记录指针定位标记　　　　　D．删除标记

做一做

1. 逻辑删除"读者"表中的全部记录。
2. 恢复"读者"表中 1980 年以后出生的记录。
3. 恢复"读者"表中 1980 年以前出生的记录。

实训 5　索　引　记　录

跟我做

实训要求

- 能对表按要求建立索引
- 能使用索引检索记录

实例 1　以"图书"表的"图书 id"字段为关键字建立主索引,索引名为"图书编号"。

操作步骤:

(1) 打开"图书"表的表设计器。

(2) 在"索引"选项卡的"索引名"处输入索引名"图书编号","类型"为"主索引",选择升序排序,索引关键字表达式为"图书 id",如图 2-16 所示。

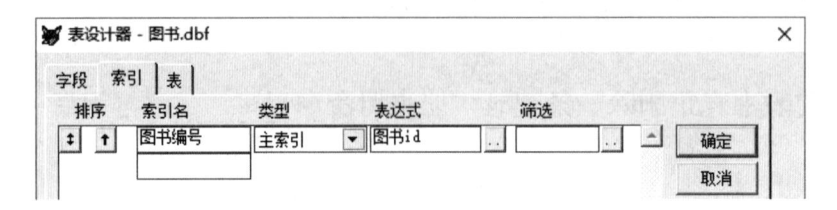

图 2-16　"索引"选项卡

(3) 单击"确定"按钮,保存创建的索引。

实例 2　使用命令方式,以"图书"表的"书名"字段为关键字建立候选索引。

输入命令:

```
USE 图书
INDEX ON 书名 TAG 书名 CANDIDATE
```

上述建立的是结构复合索引,索引的类型可以在如图 2-16 所示的表设计器"索引"选项卡中观察到。

实训 3　使用命令方式,以"图书"表的"作者 id"字段为关键字建立普通索引。

输入命令:

```
USE 图书
```

```
INDEX ON 作者ID TAG 作者ID
```

上述命令是在结构复合索引中添加了"作者ID"字段的索引项,索引名为"作者id"。

实例4 使用命令方式,在"图书"表中以"书名+作者id"为关键字建立非结构复合索引,索引名为"SZ"。

输入命令:

```
USE 图书
INDEX ON 书名+作者ID TAG SZ OF SZ
```

上述命令建立非结构复合索引文件,索引名为"SZ"。

上述索引可以在"图书"表设计器的"索引"选项卡中观察到,如图2-17所示。

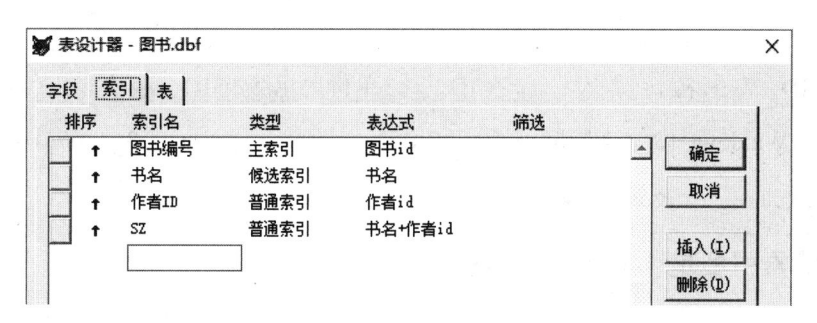

图2-17 "索引"选项卡

实例5 打开实例2创建的索引,指定索引名"书名"为主控索引。

输入命令:

在如图2-17所示的索引中,"书名"排在第2位,因此,对应的命令为:

```
SET ORDER TO 2
```

在"浏览"窗口可以观察到记录按"书名"升序排列。上述命令也可以改写为:

```
SET ORDER TO TAG 书名
```

如果按"书名"字段降序排列,则输入命令:

```
SET ORDER TO TAG 书名 DESCENDING
```

表记录如图2-18所示。

图2-18 记录按"书名"字段降序排列

实例6 在"图书"表中,按索引查找"作者 ID"是"W002"的记录。

通过图书索引查找"作者 ID",所以必须打开相应的索引文件,并设置"作者 ID"为主控索引。

输入命令:

```
USE 图书                  &&打开表的同时,打开了结构复合索引文件
SET ORDER TO TAG 作者 ID
SEEK "W002"
? RECNO()
5
DISPLAY
```

屏幕显示:

记录号	图书 ID	书名	作者 ID	单价	出版社 ID	版次	出版日期	封面	备注
5	T0008	Windows 10 中文版应用基础	W002	38.00	01	3	07/01/2022	gen	memo

```
SET INDEX TO              &&关闭索引
```

实例7 删除索引名是"书名"的索引。

输入命令:

```
USE 图书
DELETE TAG 书名
```

则删除了索引名是"书名"的索引。

想一想

两个表的普通索引项能否建立连接关系?

练一练

1. 填空题

(1) 同一个表的多个索引可以创建在一个索引文件中,索引文件名与相关的表同名,索引文件的扩展名是_____,这种索引称为_____。

(2) 在 Visual FoxPro 6.0 中,索引分为_____、_____、_____和_____4 种类型。

(3) 复合索引文件分为_____和_____两种类型。

(4) 在索引文件中查找记录的命令是_____。

(5) 使用命令在结构复合索引中添加"书名"字段索引项,索引名为"sm",则命令为:INDEX_____ 书名 _____ sm

(6) 在 Visual FoxPro 中,数据库表中不允许有重复记录是通过指定_____来实

现的。

（7）使用 SEEK 命令可以进行快速定位，使用该命令的前提条件是打开表及相关的_____。

2．选择题

（1）与表文件同名，但其扩展名为.cdx 的文件是与该表对应的（   ）。
　　A．结构复合索引文件　　　　B．非结构复合索引文件
　　C．单索引文件　　　　　　　D．压缩索引文件

（2）下列文件都是表"RS"的索引文件，在打开该表时自动打开的索引文件是（   ）。
　　A．RS.idx　　　B．RSZC.cdx　　　C．RS.cdx　　　D．无

（3）下列关于.idx 和.cdx 索引文件的描述，正确的是（   ）。
　　A．.idx 是 VFP 以前版本建立的索引文件，.cdx 是 VFP 建立的索引文件
　　B．.idx 是只含一个索引关键字的索引文件，.cdx 是含多个索引标识的复合索引文件
　　C．.idx 是含多个索引关键字的复合索引文件，.cdx 是只含一个索引标识的复合索引文件
　　D．两者无区别

（4）若建立索引的字段值不允许重复，并且一个表中只能创建一个，它应该是（   ）。
　　A．主索引　　　B．唯一索引　　　C．候选索引　　　D．普通索引

（5）在表设计器的"字段"选项卡中可以创建的索引是（   ）。
　　A．唯一索引　　　B．候选索引　　　C．主索引　　　D．普通索引

（6）打开一个建立了结构复合索引的数据表，表记录的顺序将（   ）。
　　A．按第一个索引标识　　　　B．按最后一个索引标识
　　C．按主索引标识　　　　　　D．保持原顺序

（7）随表的打开而自动打开的索引是（   ）。
　　A．单索引文件　　　　　　　B．复合索引文件
　　C．结构化复合索引文件　　　D．非结构化复合索引文件

（8）对数据表建立性别（C，2）和年龄（N，2）的复合索引时，正确的索引关键字表达式为（   ）。
　　A．性别+年龄　　　　　　　B．性别+STR（年龄，2）
　　C．性别+STR（年龄）　　　 D．性别，年龄

（9）允许出现重复字段值的索引是（   ）。
　　A．候选索引和主索引　　　　B．普通索引和唯一索引
　　C．候选索引和唯一索引　　　D．普通索引和候选索引

（10）下列关于索引的描述中，错误的是（   ）。
　　A．结构和非结构复合索引文件的扩展名均为.cdx

B．结构复合索引文件随表的打开而自动打开

C．一个数据库表仅能创建一个主索引和一个唯一索引

D．结构复合索引文件中的索引在表中的字段被修改时，自动更新

做一做

1．对"读者"表以出生日期字段为关键字建立单索引文件。

2．设置"读者"表中的"借书证号"为主索引。

3．设置"借阅"表中的"借书证号+图书 ID"为主索引，索引名为 JT。

4．以"读者"表的"职称"字段为关键字建立结构复合索引，索引名为 ZC，普通索引，降序排列。

5．以"读者"表的"姓名"字段为关键字建立非结构复合索引的普通索引，索引文件名为"XM.cdx"。

6．设置"读者"表中索引名为 ZC 的索引为当前索引。

7．使用索引查找职称为"工程师"的首记录。

实训 6　设置字段属性

跟我做

实训要求

- 能设置字段的属性
- 能设置较简单的记录有效性规则

实例 1　将"图书"表中"出版社 id"字段标题设置为"出版社编号"，"版次"设置为"出版版次"，并观察设置后的结果。

操作步骤：

（1）打开"图书"表设计器，选择"字段"选项卡。

（2）单击"出版社 id"字段，再在"显示"选项组中的"标题"框中，输入标题"出版社编号"。

（3）按照步骤（2），将"版次"字段标题设置为"出版版次"，如图 2-19 所示。

（4）浏览"图书"表，观察字段标题的变化，如图 2-20 所示。

实例 2　给"图书"表中的"作者 id"字段添加注释"第一作者的编号"，给"出版日期"字段设置输入默认值为"DATE()"。

操作步骤：

（1）在"图书"表设计器窗口中，单击"作者 ID"字段，再在"字段注释"文本框中添

加对该字段的注释"第一作者的编号"。

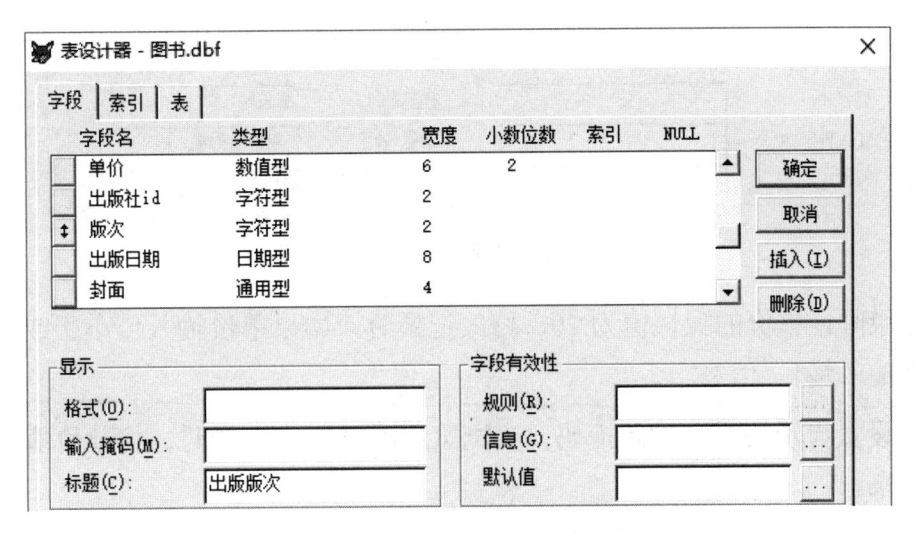

图 2-19　"表设计器"对话框

图 2-20　设置字段标题后的"图书"表

（2）单击"出版日期"字段，在"默认值"框中输入"DATE()"。

（3）保存设置。

在以后追加记录时，"出版日期"字段内容自动添加为系统当前的日期。

在设置字段默认值时，也可以通过"表达式生成器"对话框来输入，并检验输入数据的合法性，避免设置错误。

想一想

上述在设置"出版日期"字段默认值时，如果要设置默认值为"03/05/2017"，应如何设置？

实例 3　在"图书"表中，限定"单价"字段输入值只能大于零，默认值为 20，输入错误时提示"单价数据输入错！"信息。

操作步骤：

（1）在"图书"表设计器窗口中，单击"单价"字段，在字段有效性"规则"框中输入"单价>0"。

（2）在"信息"框中输入"单价数据输入错！"。

（3）在"默认值"框中输入 20，如图 2-21 所示。

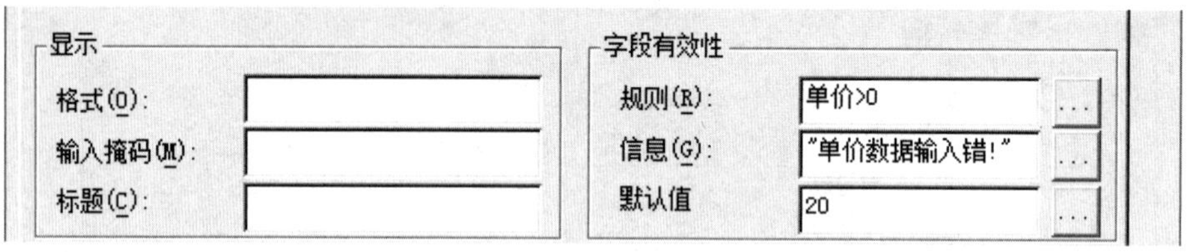

图 2-21 "表设计器"窗口

在追加记录时，单价的默认值为 20。修改记录时，如果单价输入值小于或等于零，则给出"单价数据输入错！"信息。

实例 4 设置显示格式和输入掩码，当浏览"图书"表记录时，将单价值的前导零和货币符号显示出来。

操作步骤：

（1）在"图书"表设计器窗口中，单击"单价"字段。

（2）在"显示"栏的"格式"框中输入 L。

（3）在"输入掩码"框中输入 $9999.99。

（4）浏览并观察记录的变化。

实例 5 在"图书"表中输入记录时，如果"出版日期"超过系统当前日期，则提示"出版日期错！"信息。

操作步骤：

（1）在"图书"表设计器窗口中，选择"表"选项卡，在记录有效性"规则"框中输入"出版日期<=DATE()"。

（2）在"信息"框中输入"出版日期错！"。

（3）保存设置。

输入或修改一条记录，使"出版日期"字段内容超过当前日期，观察结果。

实例 6 设置删除触发器，在删除"图书"表中的记录时，当"图书 id"字段为空格时才能删除。

操作步骤：

（1）选择"图书"表设计器窗口中的"表"选项卡，在"删除触发器"框中输入"图书 ID =SPACE(5)"。

（2）保存设置。

在浏览"图书"表窗口中，删除一条"图书 id"为空的记录，验证上述设置是否正确。

练一练

1. 填空题

（1）字段的有效性规则在表设计器的_____选项卡中设置，记录的有效性规则在表设计器的_____选项卡中设置。

（2）字段的显示格式包括格式、_____和_____。

（3）一个数据库表的触发器最多有___个，分别是_____。

（4）在自由表中_____（能/不能）设置字段的有效性规则。

（5）在定义字段有效性规则时，在"规则"框中输入的表达式类型是_____。

2．选择题

（1）字段的有效性规则不包括（　　）。

    A．规则　　　　　　　　　　B．信息

    C．默认值　　　　　　　　　D．输入掩码

（2）设置字段输入掩码的目的是（　　）。

    A．设置该字段默认的值　　　B．设置在"浏览"窗口字段的标题

    C．限制输入数据的格式　　　D．指定类库的路径和名称

（3）数据库表的触发器不包括（　　）。

    A．插入触发器　　　　　　　B．索引触发器

    C．更新触发器　　　　　　　D．删除触发器

（4）null是指（　　）。

    A．0　　　　　　　　　　　　B．空格

    C．未知的值或无任何值　　　D．空字符串

（5）字段的默认值保存在（　　）。

    A．表的索引文件中　　　　　B．数据库文件中

    C．项目文件中　　　　　　　D．表文件中

做一做

完成下列每题中的操作后，通过浏览记录或追加记录观察或检验设置得是否正确。

1．将"读者"表中的"借书证号"字段标题设置为"借书证ID"。

2．给"图书"表中的"作者ID"字段添加注释"有关作者情况到作者表中查看"。

3．设置"借阅"表中"还书日期"字段的默认值为系统当前日期。

4．设置"借阅"表中"借书日期"字段的有效性规则为"不能为空白"。

提示：字段有效性规则为：借书日期<>{}。

5．设置显示"借阅"表中的借书日期和还书日期时，只能使用系统设定格式。

6．设置输入掩码，在显示"图书"表"单价"字段内容时，不足位数用 * 补足。

7．设置"借阅"表的记录有效性规则为"单价>0 and 出版日期<DATE()"，否则给出提示信息。

8．在"图书"表中设置更新触发器，当更新记录时，单价必须大于1。

提示：在更新触发器文本框中设置条件表达式：单价>=1。

9. 为方便后面的学习，取消"读者"表、"图书"表和"借阅"表字段及记录属性的设置。

实训 7 工作区的使用

跟我做

实训要求
- 会使用多工作区
- 能建立表间的临时关系
- 能建立表间的永久关系
- 学会设置参照完整性规则

实例 1 分别在 1、2、3 工作区打开"图书"表、"读者"表和"借阅"表，并选择第 1 工作区为当前工作区。

可以在"数据工作期"窗口中按顺序打开数据库表。下面介绍使用命令方式打开上述数据库表。

输入命令：

```
OPEN DATABASE Books      &&打开"Books"数据库
SELECT 1
USE 图书
SELECT 2
USE 读者
SELECT 3
USE 借阅
```

选择 1 号工作区：

```
SELECT 1
```

或

```
SELECT 图书
```

两个命令是等价的。

也可以使用 USE 命令直接指定在哪个工作区打开表。例如：

```
OPEN DATABASE Books      &&打开"Books"数据库
USE 图书 IN 1
USE 读者 IN 2
USE 借阅 IN 3
```

当前的工作区是 1 区。在 USE 命令中使用 ALIAS 短语可以指定别名。

实例 2　在实例 1 打开 3 个表的基础上，访问表中的数据。

输入命令：

```
SELECT 1                        &&当前工作区是 1 区
? 书名,B->姓名,借阅.图书 ID
```

屏幕显示：

数据库应用基础—Access 2016 东方朔　C0002

实例 3　使用 SET RELATION 命令建立"读者"表和"借阅"表之间的关系。

对于"读者"表，前面已经按"借书证号"建立了主索引，索引名为"借书证号"；对于"借阅"表，已经按"借书证号"建立了普通索引，索引名为"借书证号"。因此，两个表之间可以通过"借书证号"建立关系。

输入命令：

```
CLOSE DATABASE
CLEAR ALL
OPEN DATABASE Books              &&打开"Books"数据库
USE 读者 IN 0 ORDER 借书证号
USE 借阅 IN 0 ORDER 借书证号
SELECT 1
SET RELATION TO 借书证号 INTO 借阅
&&以"借书证号"为关键字与"借阅"表建立关系
```

分别打开"读者"表和"借阅"表的浏览窗口，将指针指向"读者"表中不同的记录，可以观察到"借阅"表中记录的变化，如图 2-22 所示。

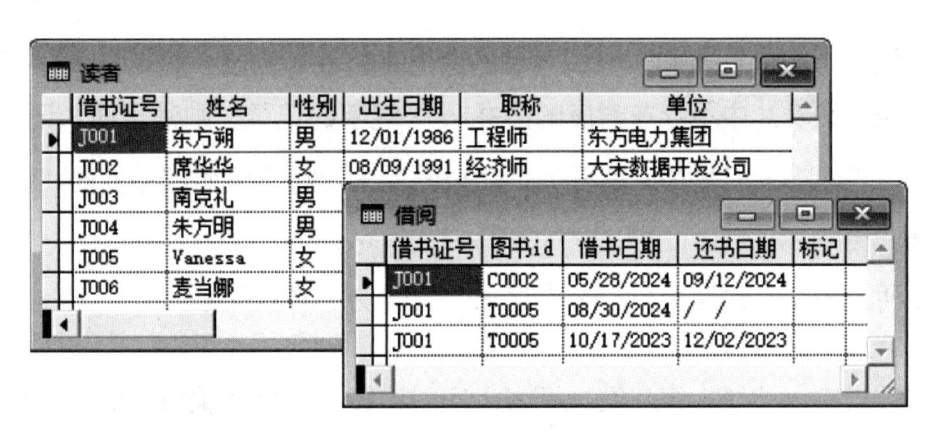

图 2-22　"读者"表和"借阅"表记录相关联

实例 4　以"图书"表和"借阅"表的"图书 id"字段为关键字，建立两表之间的一对多关系。

在表设计器中检查"图书"表已按"图书 id"建立了主索引，索引名为"图书编号"；"借阅"表已按"图书 id"建立了普通索引。

操作步骤：

（1）在项目管理器窗口中，选择"Books"数据库，单击"修改"按钮，打开"数据库设计器"窗口。

（2）选择"图书"表中的索引名"图书编号"，将其拖到"借阅"表中对应的索引"图书id"上。此时，可以看到它们之间出现一条连线，表示在两个表之间建立了一对多关系，如图 2-23 所示。

建立表间关系后，如果要编辑已建立的关系，可在"数据库设计器"窗口，用鼠标右键单击表之间的连线，此时弹出快捷菜单，选择"删除关系""编辑关系"或"编辑参照完整性"命令等，删除或编辑对应的关系。

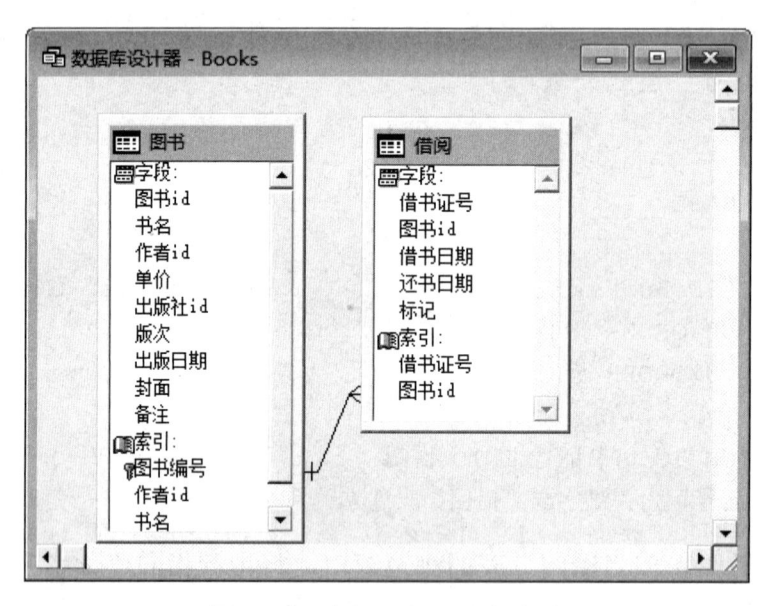

图 2-23　建立两表一对多关系

实例 5　设置"图书"表和"借阅"表的参照完整性：当在"借阅"表中插入记录时，如果"图书"表（父表）中不存在对应的图书 id 关键字的记录，则禁止插入记录。

在实例 4 两表建立一对多关系的基础上，根据要求，设置参照完整性的"插入规则"。

操作步骤：

（1）如果两个表没有建立关系，首先建立两表间的一对多关系。

（2）执行清理数据库操作。

（3）在"数据库设计器"窗口右击两表之间的连线，选择"编辑参照完整性"命令，打开"参照完整性生成器"对话框，在"插入规则"选项卡中选择"限制"选项，即在插入记录时检查相关的"图书"表记录是否存在，如果不存在则禁止插入借阅记录。

练一练

1. 填空题

（1）在 Visual FoxPro 6.0 中，最多同时能打开_____个数据库表或自由表。

（2）使用 USE 命令在不同工作区打开已经打开的表，应选择短语_____。

（3）假设当前工作区是 1 区，执行命令"USE 读者 IN 3"后，则当前工作区是_____区。

（4）建立表间临时关系的命令是_____。

（5）数据库表之间的一对多关系通过父表的_____索引和子表的_____索引实现。

（6）在 2 号工作区打开数据表 xs，并设置别名为 student，应输入的命令是：

　　USE xs _____ 2 _____ student

（7）在 Visual FoxPro 中，要设置参照完整性规则，必须事先建立表之间的_____关系。

2. 选择题

（1）如果在 2 号工作区打开了"图书"表后，又进入了另一工作区，当要从别的工作区返回 2 号工作区时，可以使用命令（　　）。

　　A．SELECT 2　　　　　　　　B．SELECT B
　　C．SELECT 图书　　　　　　D．以上都可以

（2）执行下列命令序列后，FILE3 所在的工作区是（　　）。

```
CLOSE DATABASE
    SELECT 0
    USE FILE1
    SELECT 0
    USE FILE2
    SELECT 0
    USE FILE3
```

　　A．第 1 区　　　B．第 2 区　　　C．第 3 区　　　D．第 4 区

（3）在 Visual FoxPro 的"数据工作期"窗口，使用 SET RELATION 命令可以建立两个表之间的关联，这种关联是（　　）。

　　A．永久性关联　　　　　　　　B．永久性关联或临时性关联
　　C．临时性关联　　　　　　　　D．永久性关联和临时性关联

（4）在数据库设计器中，建立两个表之间的一对多关系是通过（　　）实现的。

　　A．"一方"表的主索引或候选索引，"多方"表的普通索引
　　B．"一方"表的主索引，"多方"表的普通索引或候选索引
　　C．"一方"表的普通索引，"多方"表的主索引或候选索引
　　D．"一方"表的普通索引，"多方"表的候选索引或普通索引

（5）参照完整性的更新规则中不包括的选项是（　　）。

　　A．级联　　　B．限制　　　C．忽略　　　D．更新

（6）Visual FoxPro 6.0 中的参照完整性规则不包括（　　）。

　　A．更新规则　　B．删除规则　　C．约束规则　　D．插入规则

（7）在 Visual FoxPro 中设置参照完整性时，要设置成：当更改父表中的主关键字段或候选关键字段时，自动更新相关子表中的对应值，应在"更新规则"选项卡中选择（　　）。

　　A．忽略　　　　B．限制　　　　C．级联　　　　D．忽略或限制

（8）如果指定参照完整性的删除规则为"级联"，则当删除父表中的记录时（　　）。

　　A．系统自动备份父表中被删除记录到一个新表中

　　B．若子表中有相关记录，则禁止删除父表中记录

　　C．会自动删除子表中所有相关记录

　　D．不做参照完整性检查，删除父表记录与子表无关

（9）表之间的临时关系是在两个打开的表之间建立的，如果两个表中有一个关闭，则该临时关系（　　）。

　　A．转化为永久关系　　　　　　B．永久保留

　　C．临时保留　　　　　　　　　D．消失

（10）参照完整性的作用是（　　）。

　　A．字段数据的输入控制　　　　B．记录中相关字段之间的数据有效性控制

　　C．表中数据的完整性控制　　　D．相关表之间的数据一致性控制

（11）如已在学生表和成绩表之间按学号建立永久关系，现要设置参照完整性：当在成绩表中添加记录时，凡是学生表中不存在的学号不允许添加，则该参照完整性应设置为（　　）。

　　A．更新级联　　B．更新限制　　C．插入级联　　D．插入限制

做一做

1．在 B 工作区打开"读者"表，在 F 工作区打开"借阅"表。

2．分别在"数据工作期"窗口和使用 SET RELATION 命令以"借书证号"为关键字建立"读者"表和"借阅"表的关联，并浏览每个读者的"借书证号""姓名""出生日期""借书日期"和"图书 ID"字段的内容。

3．在 E 工作区打开"图书"表，使用 SET RELATION 命令与 F 工作区的"借阅"表以"图书 ID"为关键字建立关联。

4．在数据库设计器中设置："图书"表与"借阅"表的"图书 ID"建立一对多关系，"读者"表与"借阅"表的"借书证号"建立一对多关系。

5．编辑"图书"表与"借阅"表间关系的参照完整性规则，设置"删除规则"中的"级联"。

第 3 章

创建查询和视图

3.1 知识结构图

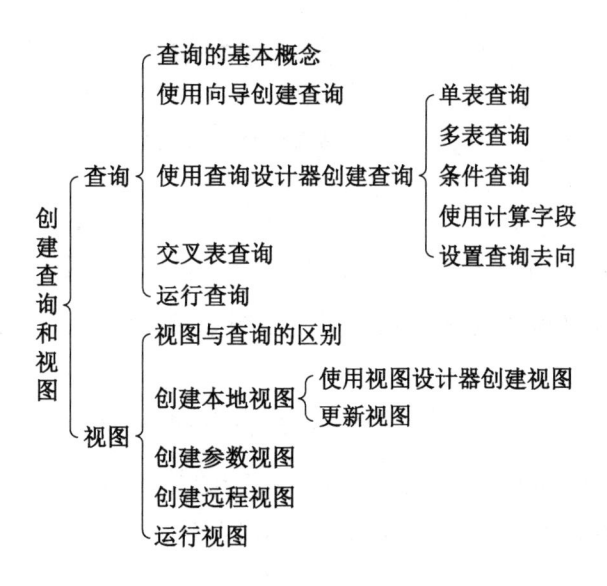

```
                          ┌ 查询的基本概念
                          │ 使用向导创建查询        ┌ 单表查询
                          │                        │ 多表查询
                      查询┤ 使用查询设计器创建查询 ┤ 条件查询
创建                      │                        │ 使用计算字段
查询                      │ 交叉表查询              └ 设置查询去向
和   ┤                    └ 运行查询
视图                      ┌ 视图与查询的区别
                          │                        ┌ 使用视图设计器创建视图
                      视图┤ 创建本地视图            └ 更新视图
                          │ 创建参数视图
                          │ 创建远程视图
                          └ 运行视图
```

3.2 知 识 要 点

1. 使用向导建立查询

查询就是向一个数据库发出检索信息的请求，从中提取符合特定条件的记录。使用查询向导可以快速创建查询，查询向导能提供一系列的操作步骤与详细说明，指导用户轻松地创建查询。

2. 使用查询设计器创建查询

在 Visual FoxPro 6.0 中，使用查询设计器可以完成的功能有：选择字段、选择记录、排序和分组记录、生成计算字段、使用查询作为表单或报表的数据来源、建立新表、生成图表或报表等。当查询的信息不在一个表上时，还可以从多个表上查询。

在设置查询条件时，使用逻辑运算符 AND（与）来筛选记录，只有同时符合所有条件的记录才会被检索到；使用逻辑运算符 OR（或），满足所有条件中的任何一个时，记录被检索。

Visual FoxPro 6.0 把表间的连接分为内部连接、左连接、右连接和完全连接 4 种类型。如果创建多表查询，需要确定表的连接类型。

使用"查询设计器"窗口"字段"选项卡中的"函数和表达式"文本框，创建一个包含字段和函数的表达式；使用 AS 命令给表达式定义一个字段名，作为输出字段。

在查询中常用的几个统计函数如下。

- AVG()：求平均值。
- SUM()：求总和。
- MAX()：求最大值。
- MIN()：求最小值。
- COUNT()：统计个数。

使用以下命令：

```
CREATE QUERY 查询文件名        &&创建新查询
MODIFY QUERY 查询文件名        &&修改已存在的查询
DO 查询文件名.qpr              &&运行查询文件
```

3．创建视图

创建视图时 Visual FoxPro 6.0 在当前数据库中保存一个视图定义，该定义包括视图中的表名、字段名，以及它们的属性设置。在使用视图时，Visual FoxPro 6.0 根据视图定义构造一条 SQL 语句，定义视图的数据。

视图具有与查询非常类似的功能，都能检索出符合条件的记录，但它们之间的区别是：

（1）查询的数据来源于本地表或视图；而视图的数据来源于本地表、视图或远程数据源。

（2）查询的结果可存储为多种数据格式；而视图的运行结果只能当作表来使用。

（3）查询文件是独立的数据文件，不属于数据库；而视图是数据库的一部分，保存在数据库中。

（4）查询的结果不能修改，不能回存到源表中；而视图的结果修改后可以回存到源表中。

为了动态地查询记录，Visual FoxPro 6.0 为用户提供创建参数化视图的方法，可以在创建的视图中设置参数。运行视图时，可以根据输入值的不同而得到不同的查询结果。

视图有本地视图和远程视图之分。建立远程视图，无须将所有记录下载到本地计算机上即可运行远程的 ODBC 服务器上的数据。可以在本地机上操作这些选定的记录，然后将更改或添加的值返回到远程数据源中。

视图操作的基本命令如下：

```
CREATE SQL VIEW 视图文件名 AS  SQL-SELECT 语句        &&创建视图
USE 视图文件名                                        &&打开视图文件
MODIFY VIEW 视图文件名                                &&修改视图
RENAME VIEW 原视图文件名 TO 新视图文件名              &&为视图重命名
```

DELETE VIEW　视图文件名　　　　　　　　　　　　&&删除视图

实训1　使用查询向导创建查询

跟我做

实训要求

- 能使用查询向导创建单表、多表的查询
- 能使用查询向导创建交叉表的查询
- 会使用查询向导创建图形表

实例1　单表查询。在"Books"数据库的"借阅"表中查询"借书证号"是"J001"的借书情况，并按"借书日期"升序排序输出。

操作步骤：

（1）新建查询。打开查询向导，选取"Books"数据库，并选择"借阅"表中的全部字段。

（2）筛选记录。筛选"借阅.借书证号"为"J001"的记录。

（3）排序记录。按"借书日期"升序排序。

（4）限制条件。选择"数量"框中的"所有记录"选项，并预览查询结果，如图3-1所示。

图3-1　单表向导查询结果

（5）以文件名"JY1"保存查询文件。

实例2　多表查询。对"Books"数据库的"读者"表和"借阅"表，按两表的"借书证号"建立关联，输出"借阅"表中的"借书证号""借书日期"和"还书日期"字段内容，"读者"表中的"姓名"和"单位"字段内容，并按"借书证号"字段排序。

操作步骤：

（1）新建查询。打开查询向导，分别选取"借阅"表中的"借书证号""借书日期"和"还书日期"字段，"读者"表中的"姓名"和"单位"字段。

（2）建立两表的关系：借阅.借书证号=读者.借书证号。

（3）字段选取。选择"仅包含匹配的行"选项。

（4）筛选记录。不输入条件，筛选全部记录。

（5）排序记录。按"借书证号"升序排序。

（6）输出全部记录。

（7）以"JY2"为文件名保存查询文件，运行结果如图 3-2 所示。

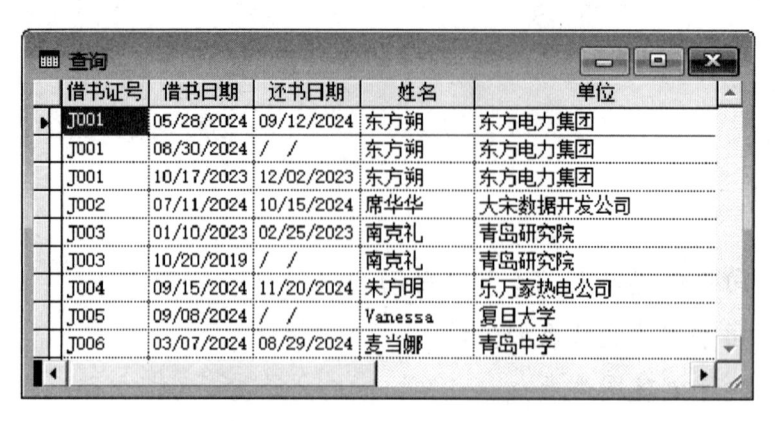

图 3-2　两表向导查询结果

实例 3　建立交叉表。在"图书"表中选取"出版社 id"字段为行，"图书 id"字段为列，按"单价"建立交叉表，并统计出各出版社图书单价的平均值。

操作步骤：

（1）新建查询。打开交叉表向导，选取"图书"表中的全部字段。

（2）定义布局。以"出版社 id"字段为行，"图书 id"字段为列，"单价"为交叉表中的统计数据进行布局。

（3）加入汇总信息。在"分类汇总"栏中选择"占整张表的总计的百分比"选项。

（4）预览后以"TS1"为文件名保存查询，运行结果如图 3-3 所示。

图 3-3　交叉表查询结果

实例 4　创建图形表。在"图书"表中选取"书名"为坐标轴，以"单价"为数据系列，创建直方图分析表。

操作步骤：

（1）新建查询。打开图形向导，选取"图书"表中的全部记录字段。

（2）定义布局。选取"单价"为数据系列，"书名"为坐标轴。

（3）选择图形样式。选取三维直方图样式，建立图形。

（4）预览后以"TS2"为文件名保存，运行结果如图 3-4 所示。

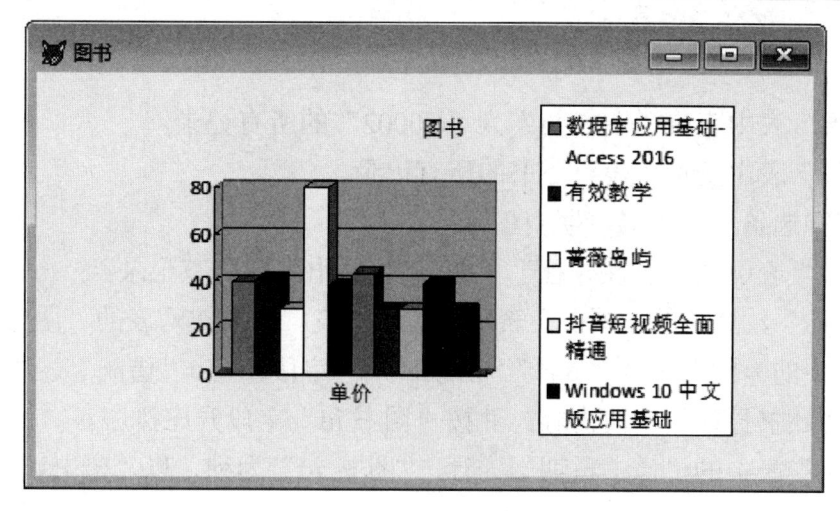

图 3-4 图形表查询结果

想一想

在图 3-4 所示的预览结果中，双击图形，在不同区域再单击鼠标右键，在弹出的快捷菜单中执行不同的命令，观察图形的变化。

练一练

1. 填空题

（1）在使用查询向导创建查询时，最多可以设置的排序字段是_____个。

（2）在建立交叉表时，交叉表布局包括_____、_____和_____三部分。

2. 选择题

（1）创建查询不能使用的向导是（   ）。

    A．查询向导　　　B．交叉表向导　C．图形向导　　　D．表向导

（2）下面有关交叉表查询的说法，正确的是（   ）。

    A．交叉表只能使用一个表

    B．交叉表可以使用多个表

    C．通过交叉表查询可以更改表中的相关数据

    D．交叉表查询是在两个表中交叉进行的

（3）下列关于查询的说法，正确的是（   ）。

    A．不能根据自由表建立查询

    B．只能根据自由表建立查询

    C．只能根据视图建立查询

    D．可以根据数据库表、自由表或视图建立查询

（4）Visual FoxPro 系统中的查询文件是指一个包含一条 SQL-SELECT 命令的程序文件，文件的扩展名为（   ）。

    A．.prg　　　　　B．.qpr　　　　　C．.scx　　　　　D．.txt

做一做

1. 在"借阅"表中查询"图书 id"为"C0002"的所有记录。
2. 在"借阅"表中查询还没有还书的所有记录。

提示：设置筛选条件：还书日期={/}。

3. 在"读者"表中查询男性并且于1980年以后出生的所有记录。
4. 对"Books"数据库的"图书"表和"借阅"表，要求按两表的"图书 id"建立关联，输出"图书"表中的"图书 id""书名""出版日期"字段内容，"借阅"表中的"借书证号""借书日期"和"还书日期"字段内容，并按"图书 id"字段升序排序。
5. 以"借阅"表中的"借书日期"为行，"图书 id"为列，以"借书证号"为数据建立交叉表。
6. 在"图书"表中选取"书名"为坐标轴，以"单价"为数据系列，分别创建饼图和折线图分析图表。

实训 2　使用查询设计器创建查询

跟我做

实训要求

- 能使用查询设计器创建查询
- 能创建单表和多表的查询
- 会创建多条件的查询

实例 1　在"借阅"表中查找没有还书的记录（"还书日期"字段为空），并按"借书日期"字段升序输出，"借阅"表中的记录如图3-2所示。

操作步骤：

（1）新建查询。打开"查询设计器"窗口，在"查询设计器"中添加"Books"数据库中的"借阅"表。

（2）在"字段"选项卡中选定全部字段。

（3）在"筛选"选项卡中输入查询条件"还书日期={/}"，如图3-5所示。

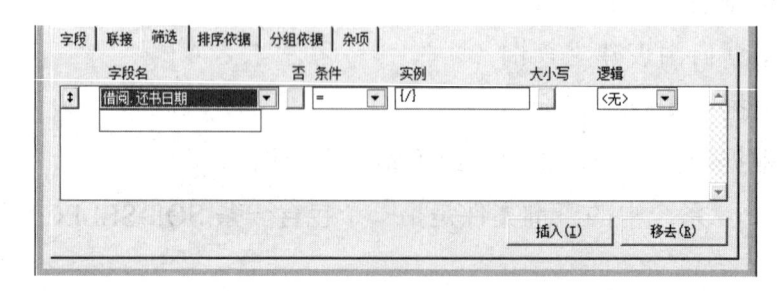

图 3-5　设置查询条件

（4）在"排序依据"选项卡中，选定排序字段"借书日期"并按升序排序。

（5）保存所创建的查询，查询文件名为"JY3"。

条件查询运行结果如图 3-6 所示。

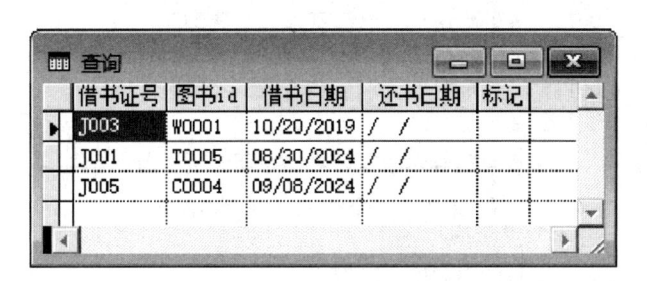

图 3-6　条件查询结果

使用查询设计器创建的查询文件（扩展名为.qpr），实际上是一个 ASCII 文件，它不依赖于任何数据库或表而存在。

在命令窗口输入命令：

TYPE JY3.qpr   &&显示 JY3.qpr 文件内容

在主窗口显示：

SELECT * FROM Books!借阅 WHERE 借阅.还书日期 = {/}
ORDER BY 借阅.借书日期

这是生成的 SQL-SELECT 查询命令，也可以在查询设计器窗口单击"查询"菜单中的"查看 SQL"命令。

实例 2　按"借书证号"建立"读者"表和"借阅"表的内部连接，查找职称是"工程师"的借书记录，输出"读者"表中的"借书证号""姓名"，"借阅"表中的"借书日期"和"图书 id"字段的内容，并按"借书证号"降序排序。

操作步骤：

（1）启动"查询设计器"，在"查询设计器"中分别添加"读者"表和"借阅"表，并按"借书证号"字段建立内部连接。

（2）在"字段"选项卡中分别添加"读者"表中的"借书证号""姓名"，"借阅"表中的"借书日期"和"图书 id"字段。

（3）在"筛选"选项卡中输入查询条件：职称="工程师"。

（4）在"排序依据"选项卡中按"借书证号"字段降序排序。

（5）保存所创建的查询，查询文件名为"JY4"。

两个表关联查询运行结果如图 3-7 所示。

实例 3　修改实例 2 创建的查询，在"查询设计器"窗口中添加"图书"表，建立"图书"表与"借阅"表的连接，连接字段为"图书 id"，在输出字段中添加"书名"字段。

操作步骤：

（1）在"查询设计器"中打开 JY4 查询文件。

图 3-7　两个表关联查询结果

（2）在"查询设计器"窗口中添加"图书"表。

（3）建立"图书"表与"借阅"表的连接。

（4）在输出字段中添加"书名"字段。

其他操作条件不变，运行结果如图 3-8 所示。

图 3-8　多表连接查询结果

想一想

在上述查询中，如果按"版次"字段分组，查询结果如何变化？

实例 4　基于"图书"表创建一个包含计算字段"折扣价"的查询，计算字段表达式为"单价*0.75"，字段名为"折扣价"，输出字段为"图书 id""书名""出版社 id""作者 id""单价"和"折扣价"。

操作步骤：

（1）创建查询。在查询设计器中添加"图书"表。

（2）在"字段"选项卡中选择输出字段"图书 id""书名""出版社 id""作者 id"和"单价"。

（3）在"函数和表达式"文本框中输入"单价*0.75 AS 折扣价"，并添加到"选定字段"框中。

（4）以文件名"TS3"保存创建的查询。

包含计算字段的查询运行结果如图 3-9 所示。

图 3-9 包含计算字段的查询结果

练一练

1．填空题

（1）在使用查询设计器创建多表查询时，一般要创建表间的连接关系，表间的连接分为_____、_____、_____和_____4 种类型。

（2）如果查询输出无重复的记录或输出记录的百分比，需要在_____选项卡中设置。

2．选择题

（1）查询设计器中不包含的选项卡是（　　）。

  A．字段　　　　　B．筛选　　　　　C．更新条件　　　D．排序依据

（2）下列不能作为筛选连接条件的是（　　）。

  A．>　　　　　　　　　　　　B．between

  C．is NULL　　　　　　　　　D．= NULL

（3）查询设计器中"筛选"选项卡的作用是（　　）。

  A．增加或删除查询表　　　　B．查看生成的 SQL 代码

  C．指定查询记录的条件　　　D．选择查询结果的字段输出

（4）查询设计器中的"筛选"选项卡可以指定判别准则来查询满足条件的记录，它提供了一些特殊运算符，其中 IN 运算符表示的是（　　）。

  A．字段值大于某个值　　　　B．字段值小于某个值

  C．字段值在某一数值范围内　　D．字段值在给定的数值列表中

（5）只有满足连接条件的记录才包含在查询结果中，这种连接为（　　）。

  A．左连接　　　　　　　　　　B．右连接

  C．内部连接　　　　　　　　　D．完全连接

（6）在 Visual FoxPro 中，要运行查询文件 query1.qpr，可以使用命令（　　）。

  A．DO query1　　　　　　　　B．DO query1.qpr

  C．DO QUERY query1　　　　　D．RUN query1

做一做

1. 使用查询设计器创建查询，输出"图书"表中"出版社 id"是"17"的所有记录。

2. 使用查询设计器创建查询，输出"图书"表中"作者 id"是"W012"和"F002"的记录，输出字段为"书名""作者 id""出版社 id""版次"和"出版日期"。

3. 使用查询设计器创建查询，按"借书证号"建立"读者"表和"借阅"表的内部关联，查找借书日期在 2023 年 12 月以前的借书记录，输出"读者"表中的"借书证号""姓名""单位"，"借阅"表中的"借书日期""还书日期"和"图书 id"字段的内容，并按"借书证号"升序排序。

4. 修改第 3 题创建的查询，在"查询设计器"窗口中添加"图书"表，建立"图书"表与"借阅"表的连接，连接字段为"图书 id"，在输出字段中添加"书名""出版社 id"和"版次"字段。

5. 修改第 4 题创建的查询，按"出版社 id"分组，将查询结果保存到表"TS.dbf"中。

6. 对"读者"表创建查询，输出全部字段记录，其中将"借书证号""姓名"字段名标题分别标注为"JSZH"和"NAME"。

7. 分别查看第 1~6 题的 SQL-SELECT 查询语句。

实训 3 创 建 视 图

跟我做

实训要求

- 能使用向导方法创建视图
- 能使用视图设计器创建本地视图
- 会创建多表的视图
- 会创建参数化视图

实例 1 使用向导创建视图，在"图书"表中筛选出图书单价大于或等于 30 元的记录，只显示"图书 id""书名""出版社 id""单价"和"出版日期"字段，并按"单价"字段降序输出。

操作步骤：

（1）打开项目文件"图书管理"，在"数据"选项卡中选择"Books"数据库中的"本地视图"，使用视图向导建立本地视图。

（2）字段选取。选取"图书"表中的"图书 id""书名""出版社 id""单价"和"出版日期"字段。

（3）筛选记录。设置筛选条件为"单价"大于或等于 30 元。

(4）排序记录。选定"单价"字段为排序字段，并按降序排序。

(5）限制记录。选择"数量"栏中的"所有记录"选项。

(6）保存本地视图。保存所创建的视图，视图名为"TS"。

浏览视图"TS"，运行结果如图 3-10 所示。在运行结果中观察字段及记录排列顺序等。

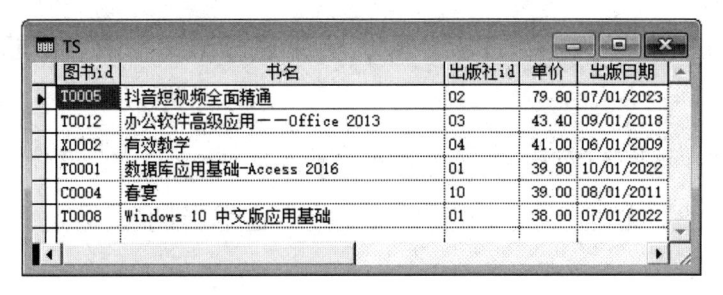

图 3-10 "TS"视图运行结果

想一想

在视图"TS"的运行结果中，修改其中某条记录，如将单价 39 元的记录改为 20 元，再浏览"图书"表记录，观察修改结果在表中是否发生变化。

实例 2 使用视图设计器创建视图，在"图书"表和"借阅"表中按"图书 id"字段建立连接，筛选出"出版社 id"为"02"和"17"的记录，按"出版社 id"字段升序、"出版日期"字段降序输出，只输出"图书 id""书名""出版社 id""出版日期""借书证号"和"借书日期"字段。

操作步骤：

（1）打开项目文件"图书管理"，在"数据"选项卡中选择"Books"数据库，选择"本地视图"，新建视图。

（2）在"视图设计器"窗口中添加"图书"表和"借阅"表，两个表按"图书 id"字段建立连接。

（3）选定要显示的字段"图书 id""书名""出版社 id""出版日期""借书证号"和"借书日期"。

（4）在"筛选"选项卡中输入筛选条件：出版社 id="02"或出版社 id="17"。

（5）建立排序。按"出版社 id"字段升序、"出版日期"字段降序输出。

（6）以文件名"TS1"保存并运行该视图。运行结果如图 3-11 所示。

图 3-11 "TS1"视图运行结果

在运行结果中注意观察记录是否已排序，输出的字段是否为选定的字段。

想一想

在"TS1"视图的运行结果中修改数据，对应表中的数据是否发生变化？

实例 3 在实例 2 创建的视图"TS1"中，设置更新字段"借书日期"。

操作步骤：

（1）在"视图设计器"窗口中打开视图"TS1"。

（2）在"更新条件"选项卡中，设置更新字段"借书日期"，并选择"发送 SQL 更新"选项，如图 3-12 所示。

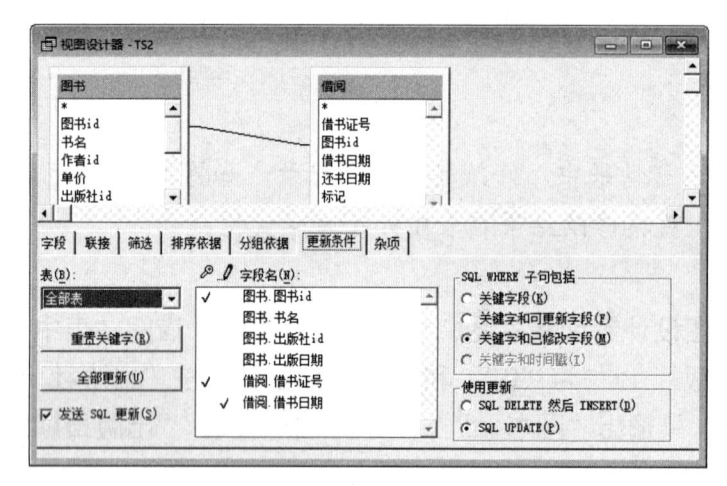

图 3-12 "更新条件"选项卡

（3）以文件名"TS2"保存该视图。

运行该视图，并将第 1 条记录中的借书日期"08/30/2024"修改为"12/30/2023"，观察"借阅"表中该记录的变化情况。

想一想

虽已设置"发送 SQL 更新"项，但对于没有设置更新的字段，如"书名"，修改该字段的内容时，是否将数据回存到表中？

实例 4 创建参数化视图，在"图书"表中任意查询"作者 id"和"出版社 id"的记录信息。

操作步骤：

（1）打开"视图设计器"窗口，添加"图书"表。

（2）在"查询"菜单中，选择"视图参数"视图，在"视图参数"对话框中，分别设置两个参数："作者"和"出版社"，其类型为"字符型"。

（3）在"筛选"选项卡中，设置筛选条件，如图 3-13 所示。

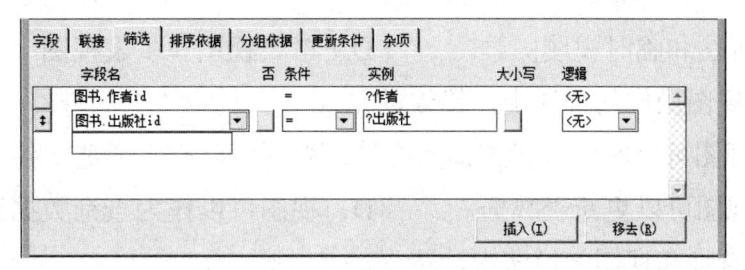

图 3-13　设置筛选条件

（4）选择全部字段输出。

（5）以文件名"TS3"保存该视图。

运行该视图，查询作者 id 为"F002"、出版社 id 为"17"的记录，如图 3-14 所示，查询结果如图 3-15 所示。

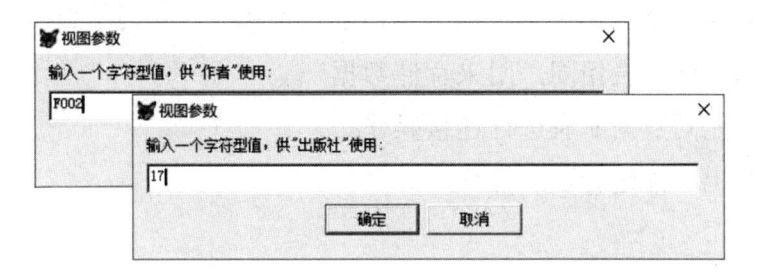

图 3-14　"视图参数"对话框

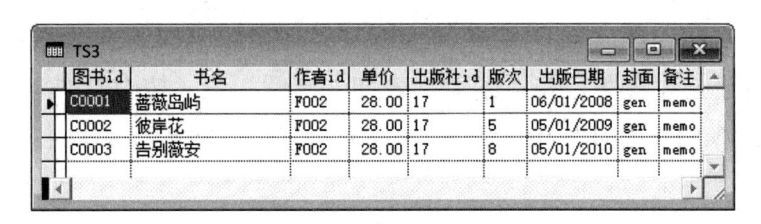

图 3-15　视图参数查询结果

练一练

1．填空题

（1）创建视图可以选择数据库表、_____和_____。

（2）如果要把视图中修改的数据回存到源表中，必须选择_____选项卡中的"发送 SQL 更新"选项。

2．选择题

（1）使用向导创建视图时，最多可以使用的筛选条件数是（　　）。
　　A．1 个　　　　B．2 个　　　　C．3 个　　　　D．4 个

（2）在"视图设计器"中创建计算表达式使用的选项卡是（　　）。
　　A．字段　　　　B．筛选　　　　C．分组依据　　D．更新条件

（3）根据数据源的不同，可将视图分为（　　）。
　　A．本地视图和远程视图　　　　B．本地视图和临时视图

C．远程视图和临时视图　　　　　　D．单表视图和多表视图

（4）下列关于视图操作的说法中，错误的是（　　）。

A．利用视图可以实现多表查询　　B．视图可以产生磁盘文件

C．利用视图可以更新表数据　　　D．视图可以作为查询数据源

（5）下列关于查询和视图的说法中，错误的是（　　）。

A．视图结果存放在数据库中

B．视图设计器中不存在"查询去向"的选项

C．查询设计器中没有"数据更新"选项卡

D．查询和视图都可以在磁盘中找到相应的文件

（6）在 Visual FoxPro 中，关于视图的描述正确的是（　　）。

A．视图是从一个或多个数据库表导出的虚拟表

B．视图与数据库表相同，用来存储数据

C．视图不能同数据库表进行连接操作

D．在视图上不能进行更新操作

做一做

1．使用视图向导创建视图，在"借阅"表中查询还没有还书的记录（"还书日期"字段为空）。

2．使用视图向导创建视图，在"读者"表和"借阅"表（按"借书证号"字段建立连接）中筛选以"T"开头的"图书 id"，显示"借书证号""姓名""性别""职称""图书 id"和"借书日期"字段内容。

3．使用视图设计器，修改第 2 题中创建的视图，将筛选条件修改为以"T"或"C"开头，职称是"工程师"，并按"借书日期"字段升序排序，输出字段不变。

提示：在"筛选"选项卡中设置筛选条件，如图 3-16 所示。

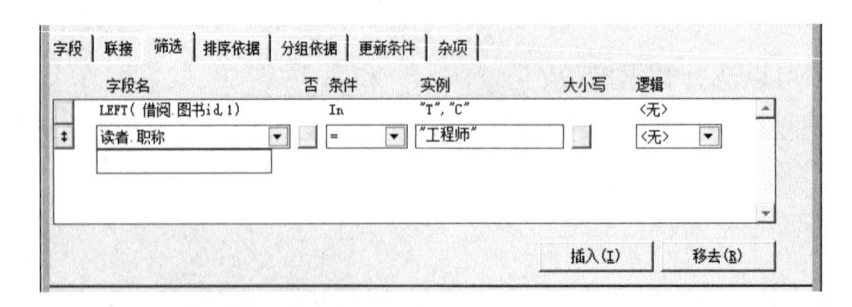

图 3-16　"筛选"选项卡

4．使用视图设计器，修改第 3 题创建的视图，筛选条件不变，输出字段在原来的基础上添加"图书"表中的"书名"字段。

5．创建参数化视图，在"借阅"表中筛选出某一时间段读者借阅图书的信息。

第 4 章

SQL 语言的应用

4.1 知识结构图

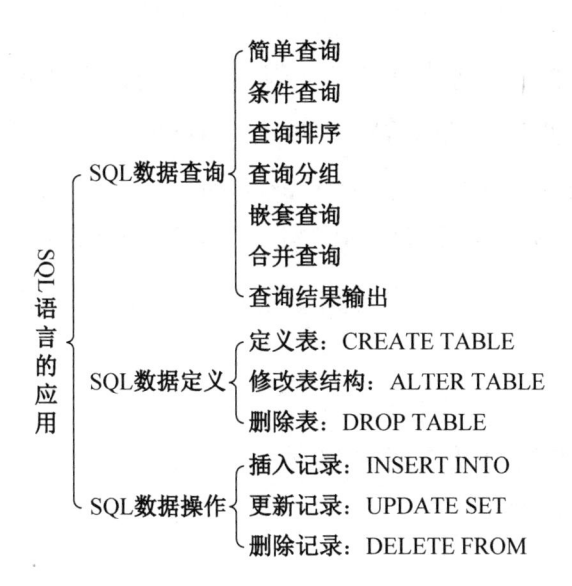

```
              ┌ 简单查询
              │ 条件查询
              │ 查询排序
      SQL数据查询 ┤ 查询分组
              │ 嵌套查询
              │ 合并查询
              └ 查询结果输出
SQL语言       ┌ 定义表：CREATE TABLE
的应用 ─ SQL数据定义 ┤ 修改表结构：ALTER TABLE
              └ 删除表：DROP TABLE
              ┌ 插入记录：INSERT INTO
      SQL数据操作 ┤ 更新记录：UPDATE SET
              └ 删除记录：DELETE FROM
```

4.2 知 识 要 点

1. SELECT 查询

结构化查询语言（Structured Query Language，SQL）是一种数据库查询和程序设计语言，用于存取数据及查询、更新和管理关系数据库系统。数据查询是 SQL 的核心，使用 SELECT 语句可从数据库中检索行，并允许从一个或多个表中选择一个或多个行或列。虽然 SELECT 语句的完整语法较复杂，但是其主要的子句可归纳如下。

1）简单查询

简单查询中不需要指定查询条件，可以查询部分或全部记录。命令格式为：

SELECT [DISTINCT] <查询项> [AS <列标题>] FROM <表名>

其中，DISTINCT 选项的作用是去掉查询结果中的重复值，AS <列标题>为查询项指定显示的列标题。

在查询中可以使用 COUNT()、SUM()、AVG()、MIN()和 MAX()等函数返回计算值。

2）条件查询

通过条件查询记录时使用 WHERE 短语。命令格式为：

SELECT [DISTINCT] [<查询项> [AS <列标题>]...] FROM <表名> WHERE <条件>

3）查询排序

使用 ORDER BY 短语可以通过一个或多个排序项来对查询结果进行排序。命令格式为：

SELECT [DISTINCT] [<查询项> [AS <列标题>]...]FROM <表名> [WHERE <条件>]
　　ORDER BY <排序项1> [ASC | DESC] [,<排序项2> [ASC | DESC] ...]

排序的方式可以是升序（ASC）或降序（DESC）。如果 ORDER BY 短语中有多个排序项，则查询结果进行嵌套排序。

4）查询分组

GROUP BY 短语用来对查询结果进行分组，分组结果中的每行一般都要产生一个聚合值，因此可以使用系统提供的 COUNT()、SUM()、AVG()、MIN()和 MAX()函数。

SELECT [DISTINCT] [<查询项> [AS <列标题>]...]FROM <表名> [WHERE <条件>]
　　GROUP BY <分组项1>[,<分组项2>] [HAVING <条件>]

其中，HAVING <条件>短语表示在分组结果中筛选满足条件的组。HAVING 短语通常和 GROUP BY 短语一起使用。

5）嵌套查询

嵌套查询是指在 SELECT 查询条件中包含另一个或多个 SELECT 语句。通常在具有关联关系的多个表中使用嵌套查询。

6）合并查询

合并查询是将两个或两个以上 SELECT 查询结果合并成一个结果。使用 UNION 运算符组合两个查询，其基本条件是所有查询中的字段个数和字段的顺序必须相同；对应字段的数据类型必须兼容。

7）查询结果输出

用户根据需要可以将查询结果直接输出到屏幕、打印机、数组、文本文件、临时表或表中。使用 INTO 或 TO 短语来设置输出选项。

2．SQL 数据定义

SQL 的数据定义包括数据库的定义、数据表的定义、视图的定义、规则的定义等。

1）定义表

由于 CREATE TABLE 命令格式比较复杂，因此可以将命令格式按不同功能进行分解。

（1）定义简单表。

```
CREATE TABLE <表名> [FREE](<字段名1> <字段类型>[(宽度[,小数位])]
[NULL | NOT NULL]
[,<字段名2> ...])
```

（2）定义表并设置字段的主索引。

```
CREATE TABLE <表名>(<字段名1> <字段类型>[(宽度[,小数位])]
[PRIMARY KEY ]
[,<字段名2> ...])
```

（3）定义表并设置字段的有效性规则。

```
CREATE TABLE <表名>(<字段名1> <字段类型>[(宽度[,小数位])]
[ CHECK <表达式>[ERROR <提示信息>]]
[,<字段名2> ...])
```

（4）定义表并设置字段的默认值。

```
CREATE TABLE <表名>(<字段名1> <字段类型>[(宽度[,小数位])]
[ DEFAULT <表达式>]
[,<字段名2> ...])
```

（5）定义表并设置表之间的关联。

```
CREATE TABLE <表名1>(<字段名1> <字段类型>[(宽度[,小数位])]
[PRIMARY KEY | UNIQUE]
[REFERENCES <表名2> [TAG <标记>]]
[,<字段名2> ...]
[,FOREIGN KEY <表达式> TAG <标记> REFERENCES <表名3>[TAG <标记>]])
```

在使用 FREE 短语建立自由表时，不能使用 CHECK、DEFAULT、FOREIGN KEY、PRIMARY KEY、REFERENCES 等短语。

2）修改表结构

使用 SQL 的 ALTER TABLE 命令可以对表中的字段类型、宽度、有效性规则、默认值、主关键字、表间关系等进行修改。

（1）增加字段。

```
ALTER TABLE <表名> ADD <字段名1> <字段类型>[(宽度[,小数位])]
[,<字段名2> ...]
```

（2）修改字段。

```
ALTER TABLE <表名> ALTER <字段名1> <字段类型>[(宽度[,小数位])]
[,<字段名2> ...]
```

（3）设置字段属性。

```
ALTER TABLE <表名>
ALTER | DROP [COLUMN] [COLUMN]<字段名1> <字段类型>[(宽度[,小数位])]
```

```
    [CHECK <表达式>[ERROR <提示信息>]]
    [SET DEFAULT <表达式>]
    [DROP DEFAULT]
    [DROP CHECK]
    [RENAME COLUMN <字段名 2> TO <字段名 3>]
```

3）删除表

（1）移去数据库中的表。

```
REMOVE TABLE <表名> [DELETE]
```

（2）删除表。

```
DROP TABLE <表名>
```

3．SQL 数据操作

SQL 的数据操作是指对数据库中数据的操作功能，主要包括数据的插入、更新和删除操作。

1）插入记录

```
INSERT INTO <表名> [(<字段名 1>[,<字段名 2>,…])]
VALUES(<表达式 1>[,<表达式 2>,…])
```

使用该命令一次只能插入一条记录，VALUES 短语中各表达式的值要与对应字段的数据类型一致。

2）更新记录

```
UPDATE <表名> SET <字段名 1>=<表达式 1>[,<字段名 2>=<表达式 2>…]
WHERE <条件>
```

该命令一次可以更新多个字段。使用 WHERE <条件>短语，可以成批修改符合条件的记录；省略 WHERE <条件>短语，则更新全部记录。

3）删除记录

```
DELETE FROM <表名> [WHERE <条件>]
```

该命令是逻辑删除记录,如果要物理删除记录,还需要使用 PACK 命令。如果省略 WHERE <条件>短语，则删除全部记录。

实训 1 SQL 数据查询

跟我做

实训要求

- 能使用 SELECT 语句对表进行简单查询

- 能使用 SELECT 语句查询满足条件的记录
- 能使用 SELECT 语句对查询结果进行排序
- 能使用 SELECT 语句对查询结果进行分组
- 能使用 SELECT 语句对多表进行查询

实例 1 使用 SELECT 语句查询"Books"数据库"图书"表中全部记录的"图书 id""书名""单价""出版版次"和"出版日期"字段内容。

输入命令：

```
SELECT 图书id,书名,单价,出版版次,出版日期 FROM 图书
```

简单查询结果如图 4-1 所示。

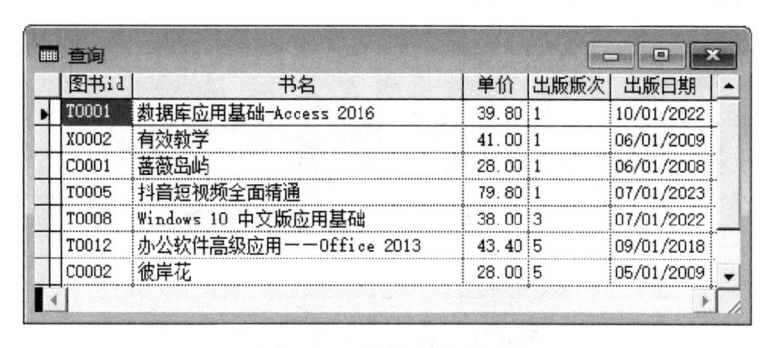

图 4-1 简单查询结果

由于没有指定输出选项，系统默认打开"浏览"窗口输出。

实例 2 查询显示"读者"表中读者的姓名、性别、出生日期、职称及年龄等信息。

计算平均年龄可以使用 YEAR(DATE())-YEAR(出生日期)函数，假设系统当前日期是 2017/03/26。

输入命令：

```
SELECT 姓名,性别,出生日期,职称,YEAR(DATE())-YEAR(出生日期);
    AS 年龄 FROM 读者
```

计算查询结果如图 4-2 所示。

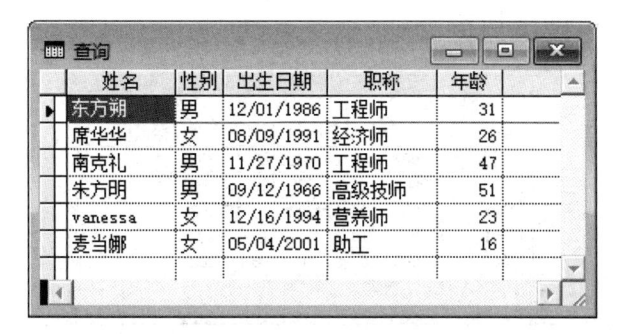

图 4-2 计算查询结果

想一想

如果将上述命令改写为：

```
SELECT 姓名,性别,出生日期,职称,AVG(YEAR(DATE())-YEAR(出生日期));
    AS 年龄 FROM 读者
```

查询结果有什么变化？

实例 3 在"读者"表中查询职称是"工程师"的读者信息。

这是一个条件查询，需要用"WHERE 职称="工程师""设置查询条件。

输入命令：

```
SELECT * FROM 读者 WHERE 职称="工程师"
```

简单条件查询结果如图 4-3 所示。

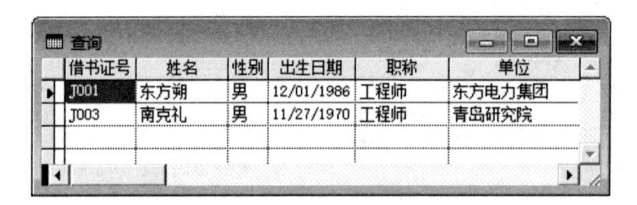

图 4-3 简单条件查询结果

实例 4 在"借阅"表中查询借书日期在 2023 年 1 月 1 日至 2024 年 7 月 31 日的借阅信息情况。

借书日期在 2023 年 1 月 1 日至 2024 年 7 月 31 日之间，可以设置条件：

```
WHERE 借书日期 BETWEEN {^2023/01/01} AND {^2024/07/31}
```

或

```
WHERE 借书日期>={^2023/01/01} AND 借书日期<={^2024/07/31}
```

输入命令：

```
SELECT * FROM 借阅 WHERE 借书日期 BETWEEN {^2023/01/01};
    AND {^2024/07/31}
```

复合条件查询结果如图 4-4 所示。

图 4-4 复合条件查询结果

想一想

在"借阅"表中如何查询没有归还("还书日期"字段为空)的图书信息?

实例 5 在"图书"表和"借阅"表中查询"借书证号"为"J001"和"J003"的借书信息,显示"借书证号""图书 id""书名""出版社 id""借书日期"字段的内容。

这是在"图书"和"借阅"两个表中查询记录,可以使用 WHERE 建立两个表的关联:WHERE 图书.图书 id=借阅.图书 id。

输入命令:

```
SELECT 借书证号,借阅.图书 id,书名,出版社 id,借书日期 FROM 图书,借阅;
   WHERE 图书.图书 id=借阅.图书 id AND 借书证号 IN("J001","J003")
```

多表查询结果如图 4-5 所示。

图 4-5 多表查询结果

想一想

如何修改上述 SELECT 语句,实现 3 个表的查询:通过"借阅"表的"借书证号"和"读者"表的"借书证号"建立关联,"图书"表的"图书 id"和"借阅"表的"图书 id"建立关联,使查询结果中包含"读者"表的"姓名"字段内容?

实例 6 对"借阅"表中的记录按"借书日期"升序排列,结果保存到"PX.dbf"表中。

排序输出记录,需要用 SELECT 语句中的 ORDER BY 选项。

输入命令:

```
SELECT * FROM 借阅 ORDER BY 借书日期 ASC INTO DBF PX
USE PX
BROWSE
```

查询结果排序如图 4-6 所示。

上述 SELECT 语句中可以省略 ASC 选项,默认为升序排序。

将查询结果保存到表中,利用这种方法可以制作表的副本。

图 4-6　查询结果排序

实例 7　在"图书"表中查询共有几个版次的图书。

为实现上述要求，需要对"图书"表按"版次"字段进行分组查询。

输入命令：

```
SELECT * FROM 图书 GROUP BY 版次
```

分组查询结果如图 4-7 所示。

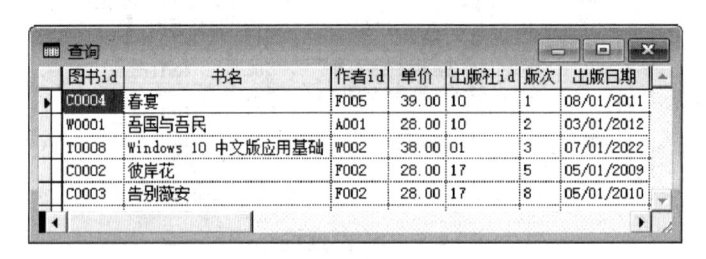

图 4-7　分组查询结果

从分组查询结果中可以看出，"图书"表中共有 5 个版次的图书。

实例 8　查询职称是"工程师"的读者图书借阅信息。

为实现上述查询，可以按"借书证号"建立"读者"和"借阅"两个表的关联，也可以用嵌套查询来实现。

输入命令：

```
SELECT * FROM 借阅 WHERE 借书证号 IN(SELECT 借书证号;
    FROM 读者 WHERE 职称="工程师")
```

上述查询使用的是嵌套查询，查询结果如图 4-8 所示。

图 4-8　嵌套查询结果

想一想

如果用"读者"和"借阅"两个表进行关联,如何实现上述查询?

练一练

1. 填空题

(1) 在 SELECT 查询命令中,DISTINCT 选项的含义是_____。

(2) 在 SELECT 查询命令中,如果要设置排序项,需要选择_____短语;设置分组查询,需要选择_____短语;设置条件查询,需要选择_____短语;如果要设置多表的关联查询,需要选择_____短语。

(3) 在 SELECT 查询命令中,如果要标注查询项的列标题,需要使用_____选项。

(4) SELECT 查询命令中的 HAVING 选项,一般与_____短语配合使用。

(5) 嵌套查询是指在 SELECT 查询条件中包含一个或多个_____。

(6) 如果要在"图书"表中查询"出版社 ID"是"01"和"03"的图书,则查询命令为:

SELECT 书名,作者 ID,出版社 ID FROM 图书 WHERE 出版社 ID _____

(7) 如果要查询"图书"表中各个出版社图书的最高单价和平均单价,则查询命令为:

SELECT 出版社 ID,MAX(单价),_____ FROM 图书_____ 出版社 ID

(8) 如果要查询借阅了两本和两本以上图书读者的"姓名"和"单位",则查询命令为:

SELECT 姓名,单位 FROM 读者 WHERE 借书证号 IN(SELECT _____ FROM;
借阅 GROUP BY 借书证号 _____ COUNT(*)>=2)

(9) 检索"学生"表中籍贯为"北京"的学生记录,将结果保存到表 temp 中,SQL 语句为:

SELECT * FROM 学生 WHERE 籍贯="北京" _____ temp

2. 选择题

(1) SELECT 查询语句中的 ORDER BY 短语的功能是(   )。

　　A. 对查询结果进行排序　　　　B. 分组统计查询结果
　　C. 限定分组检索结果　　　　　D. 限定查询条件

(2) SELECT 查询语句中的 HAVING 短语的作用是(   )。

　　A. 指出分组查询的范围　　　　B. 指出分组查询的值
　　C. 指出分组查询的条件　　　　D. 指出分组查询的字段

(3) 使用 SELECT 语句从表 STUDENT 中查询所有姓王的学生的信息,正确的操作命令是(   )。

　　A. SELECT * FROM STUDENT WHERE LEFT(姓名,2)="王"
　　B. SELECT * FROM STUDENT WHERE RIGHT(姓名,2)="王"
　　C. SELECT * FROM STUDENT WHERE TRIM(姓名,2)="王"

D. SELECT * FROM STUDENT WHERE STR（姓名，2）="王"

（4）使用 SELECT 语句进行分组检索时，为了去掉不满足条件的分组，应当（   ）。

  A. 使用 WHERE 子句

  B. 在 GROUP BY 后面使用 HAVING 子句

  C. 先使用 WHERE 子句，再使用 HAVING 子句

  D. 先使用 HAVING 子句，再使用 WHERE 子句

（5）有如下 SELECT 语句：

SELECT * FROM 读者 WHERE 职称 IN("工程师","服装设计师")

与该语句等价的是（   ）。

  A. SELECT * FROM 读者 WHERE 职称（"工程师"，"服装设计师"）

  B. SELECT * FROM 读者 WHERE 职称=（"工程师"，"服装设计师"）

  C. SELECT * FROM 读者 WHERE 职称="工程师" AND 职称="服装设计师"

  D. SELECT * FROM 读者 WHERE 职称="工程师" OR 职称="服装设计师"

（6）要将查询结果保存到"DZ"表中，下列命令正确的是（   ）。

  A. SELECT * FROM 读者 WHERE 职称="工程师" INTO CURSOR DZ

  B. SELECT * FROM 读者 WHERE 职称="工程师" TO FILE DZ

  C. SELECT * FROM 读者 WHERE 职称="工程师" INTO TABLE DZ

  D. SELECT * FROM 读者 WHERE 职称="工程师" INTO ARRAY DZ

（7）SELECT 语句中的以下短语，与排序无关的是（   ）。

  A. GROUP BY   B. ORDER BY

  C. ASC   D. DESC

（8）有如下 SELECT 语句：

SELECT * FROM 工资表 WHERE 基本工资<=8000 AND 基本工资>=5500

下列与该语句等价的是（   ）。

  A. SELECT * FROM 工资表 WHERE 基本工资 BETWEEN 5500 AND 8000

  B. SELECT * FROM 工资表 WHERE 基本工资 BETWEEN 8000 AND 5500

  C. SELECT * FROM 工资表 WHERE 基本工资 FROM 5500 INTO 8000

  D. SELECT * FROM 工资表 WHERE 基本工资 FROM 8000 INTO 5500

（9）检索所有图书的书名和出版社，正确的 SELECT 语句是（   ）。

  A. SELECT 书名，出版社 ID FROM 图书

  B. SELECT 书名；出版社 ID FROM 图书

  C. SELECT 书名，出版社 ID FOR 图书

  D. SELECT 书名；出版社 ID FOR 图书

（10）检索职工表中工资大于 10000 元的职工号，正确的 SELECT 语句是（   ）。

A．SELECT 职工号 WHERE 工资>10000

B．SELECT 职工号 FROM 职工 SET 工资>10000

C．SELECT 职工号 FROM 职工 WHERE 工资>10000

D．SELECT 职工号 FROM 职工 FOR 工资>10000

（11）将 SELECT 语句查询结果放在数组中，应使用短语（　　）。

A．INTO CURSOR　　　　　B．TO ARRAY

C．INTO TABLE　　　　　D．INTO ARRAY

（12）在"成绩"表中要求按"总分"降序排列，并查询前 3 名学生的记录，正确的命令是（　　）。

A．SELECT * TOP 3 FROM 成绩 WHERE 总分 DESC

B．SELECT * TOP 3 FROM 成绩 FOR 总分 DESC

C．SELECT * TOP 3 FROM 成绩 GROUP BY 总分 DESC

D．SELECT * TOP 3 FROM 成绩 ORDER BY 总分 DESC

做一做

1．查询"图书"表中"单价"在 30 元以上的记录。

2．查询"图书"表中"单价"在 30 元以上，"出版社 ID"是"01"或"03"的记录。

3．将"借阅"表中的记录按"借书证号"升序输出。

4．在"图书"表和"借阅"表中查询"借书证号"为"J001""J002"和"J005"的借书信息，显示"借书证号""图书 ID""书名""出版社 ID""借书日期"字段的内容。

5．在"图书"表、"读者"表和"借阅"表中查询"借书证号"为"J001""J002"和"J005"的借书信息，显示"借书证号""姓名""图书 ID""书名""出版社 ID""借书日期"字段的内容。

6．在"借阅"表中查询还没有归还的图书信息，并输出到临时表"JY1"中。

7．查询"图书"表中各个版次图书的平均单价。

8．查询"图书"表中各个出版社图书的平均单价、最高单价和最低单价。

实训 2　SQL 数据定义

跟我做

实训要求

● 能使用 SQL CREATE 命令建立表

● 能使用 SQL 命令修改表结构

实例 1　使用 CREATE 命令创建一个"商品管理"数据库，再用 SQL CREATE 命令建立"部门"表（字段名为：部门号（C，2），部门名称（C，16））。

操作步骤：

（1）建立"商品管理"数据库，在命令窗口输入命令：

```
CREATE DATABASE 商品管理
```

（2）建立"部门"表，在命令窗口输入命令：

```
CREATE TABLE 部门(部门号 C(2),部门名称 C(16))
```

这时在"商品管理"数据库中创建了"部门"表。

创建一个项目文件"图书管理"或打开一个已经存在的项目文件"图书管理"，再将"商品管理"数据库添加到该项目文件中。

想一想

表设计器中的自由表和数据库表结构有什么不同？

实例 2　在"商品管理"数据库建立"商品"表，各字段为：部门号（C，2），商品号（C，4），商品名称（C，12），单价（N，6，2），数量（N，3），产地（C，8），并对"单价"字段设置有效性规则：单价>0。

操作步骤：

（1）打开项目文件及"商品管理"数据库。

（2）在命令窗口输入命令：

```
CREATE TABLE 商品(部门号 C(2),商品号 C(4),商品名称 C(12),单价 N(6,2);
    ECK(单价>0)ERROR "单价必须大于零!",数量 N(3),产地 C(8))
```

想一想

在上例中如果设计产地的默认值为"广东"，CREATE TABLE 应如何改写？

实例 3　修改"部门"表，增加一个"地址"字段，数据类型为 C，宽度为 10。

输入命令：

```
ALTER TABLE 部门 ADD 地址 C(10)
```

则在"部门"表中增加了一个"地址"字段。

实例 4　设置"部门"表中的"部门号"字段为 NOT NULL 且为主索引。

输入命令：

```
ALTER TABLE 部门 ALTER 部门号 C(2)NOT NULL PRIMARY KEY
```

实例 5 通过"部门号"关键字建立"部门"表与"商品"表的关联。

由于"部门"表已按"部门号"主关键字建立主索引,而"商品"表中可以有多条"部门号"相同的记录,因此,两表可以建立一对多的关系。

输入命令:

```
ALTER TABLE 商品 ADD FOREIGN KEY 部门号 TAG 部门号 REFERENCES 部门
```

上述命令说明,在"商品"表中通过"FOREIGN KEY 部门号 TAG 部门号 REFERENCES 部门"短语设置了一个一对多关系。用"FOREIGN KEY 部门号"在"商品"表的"部门号"上建立一个普通索引,同时说明该字段是连接字段。

打开数据库设计器可以查看表间建立的关联,如图 4-9 所示。

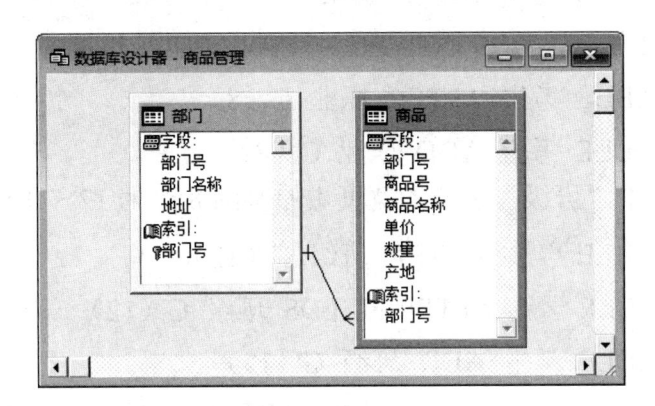

图 4-9 表间的关联

实例 6 删除"部门"表中的"地址"字段。

输入命令:

```
ALTER TABLE 部门 DROP 地址
```

使用 DROP TABLE 命令可以直接删除数据库中的表。

练一练

1. 填空题

(1)使用 CREATE TABLE 命令定义表结构时,要设置字段的有效性规则,可使用_____短语;设置字段的默认值,使用_____短语;设置主关键字段,使用_____短语;设置候选索引,使用_____短语。

(2)使用 CREATE TABLE 命令定义表结构时,不需要定义字段宽度的字段是货币型、日期型、_____、_____、_____、_____、_____和_____。

(3)"学生"表文件中有字段"学号 C(2)",现要将"学号"字段的宽度由 2 改为 4,则语句为:

```
ALTER TABLE 学生 _____
```

2. 选择题

（1）关于 CREATE TABLE 课程（课程号 C（4）PRIMARY KEY，课程名 C（8））命令，下列说法错误的是（　　）。

　　A．命令定义的"课程"表中包含"课程号"和"课程名"两个字段

　　B．该命令定义"课程"表时自动设置"课程号"字段为主索引

　　C．该命令定义"课程"表时自动设置"课程号"字段为主索引，"课程名"字段为候选索引

　　D．"课程"表中的"课程号"字段和"课程名"字段都是字符型

（2）要在"考生"表中增加一个"职业"字段（C，8），正确的SQL命令是（　　）。

　　A．ALTER TABLE 考生 DROP 职业

　　B．CREATE TABLE 考生 职业（C（8））

　　C．ALTER TABLE 考生 ALTER 职业 C（8）

　　D．ALTER TABLE 考生 ADD 职业 C（8）

（3）将"学生"表中"班级"字段的宽度由原来的8改为12，正确的命令是（　　）。

　　A．ALTER TABLE 学生 ALTER 班级 C（12）

　　B．ALTER TABLE 学生 ALTER FIELDS 班级 C（12）

　　C．ALTER TABLE 学生 ADD 班级 C（12）

　　D．ALTER TABLE 学生 ADD FIELDS 班级 C（12）

（4）在"成绩"表中定义"成绩"字段的默认值为0，正确的命令是（　　）。

　　A．ALTER TABLE 成绩 ALTER 成绩 DEFAULT 成绩=0

　　B．ALTER TABLE 成绩 ALTER 成绩 DEFAULT 0

　　C．ALTER TABLE 成绩 ALTER 成绩 SET DEFAULT 成绩=0

　　D．ALTER TABLE 成绩 ALTER 成绩 SET DEFAULT 0

（5）为"设备"表增加一个"设备总金额 N（10，2）"字段，正确的命令是（　　）。

　　A．ALTER TABLE 设备 ADD FIELDS 设备总金额 N（10，2）

　　B．ALTER TABLE 设备 ADD 设备总金额 N（10，2）

　　C．ALTER TABLE 设备 ALTER FIELDS 设备总金额 N（10，2）

　　D．ALTER TABLE 设备 ALTER 设备总金额 N（10，2）

（6）从数据库中删除表的命令是（　　）。

　　A．DROP TABLE　　　　　　　　B．ALTER TABLE

　　C．DELETE TABLE　　　　　　　D．USE

做一做

1．在"图书管理"项目中创建一个"图书"数据库，再在"图书"数据库中使用 SQL CREATE 命令定义如表 4-1 所示的"Book"表，并设置"图书ID"字段为主索引。

表 4-1 "Book" 表结构

字 段 名	类 型	宽 度	小 数 位 数
图书 ID	C	5	
书名	C	20	
作者	C	16	
单价	N	6	2
版次	C	2	
出版日期	D	8	
备注	M	4	

2．在"Book"表中增加一个"出版社 ID"字段，其类型为字符型，宽度为 2。

3．修改表结构，设置"单价"字段的有效性规则为"单价>0"。

4．将"作者"字段修改为"作者 ID"字段，宽度修改为 4。

5．删除"备注"字段和"出版社 ID"字段。

6．在"图书"数据库中使用 SQL CREATE 命令定义"JY"表，"图书 ID"字段为普通索引，并与"Book"表建立一对多关系，"JY"表结构如表 4-2 所示。

表 4-2 "JY" 表结构

字 段 名	类 型	宽 度
借书证号	C	4
图书 ID	C	5
借书日期	D	8
还书日期	D	8

7．设置"JY"表中"借书日期"字段的默认值为系统当前日期。

实训 3　SQL 数据操作

跟我做

实训要求

- 能使用 INSERT 命令在表中插入记录
- 能使用 UPDATE 命令修改记录
- 能使用 DELETE 命令删除记录

实例 1　将表 4-3 中的数据逐条插入"部门"表中。

表 4-3 "部门"表记录

部 门 号	部 门 名 称
40	计算机部
10	电视、MP4 部
20	手机部
30	

插入记录可以使用 SQL 的 INSERT INTO 命令，在命令窗口中依次输入命令：

```
INSERT INTO 部门 VALUES("40","计算机部")
INSERT INTO 部门 VALUES("10","电视、MP4 部")
INSERT INTO 部门 VALUES("20","手机部")
INSERT INTO 部门 VALUES("30","")
```

由于"部门"表中只有"部门号"和"部门名称"字段，INSERT INTO 命令中的 VALUES 短语提供的两个值分别插入"部门号"和"部门名称"字段。如果要将数据插入指定的字段中，需要给出字段名。上述最后一个命令可以改写为：

```
INSERT INTO 部门(部门号) VALUES("30")
```

插入后的记录如图 4-10 所示。

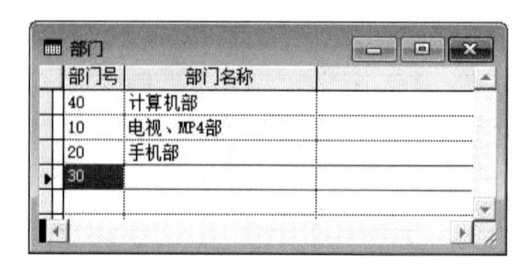

图 4-10 "部门"表记录

想一想

在插入第一条记录时，能否连续使用下列命令：

```
INSERT INTO 部门(部门号)VALUES("40")
INSERT INTO 部门(部门名称)VALUES("计算机部")
```

实例 2 将表 4-4 中的数据逐条插入"商品"表中。

表 4-4 "商品"表记录

部 门 号	商 品 号	商 品 名 称	单 价	数 量	产 地
40	0101	A 牌电风扇	200.00	10	广东
40	0104	A 牌微波炉	350.00	10	北京

续表

部　门　号	商　品　号	商 品 名 称	单　　价	数　　量	产　　地
20	1032	C 牌传真机	1000.00	20	上海
40	0105	B 牌微波炉	600.00	10	上海
20	0110	A 牌电话机	200.00	50	广东
30	1041	C 牌计算机	6000.00	10	北京

在命令窗口中依次输入命令：

```
INSERT INTO 商品 VALUES("40","0101","A 牌电风扇",200,10,"广东")
INSERT INTO 商品 VALUES("40","0104","A 牌微波炉",350,10,"北京")
INSERT INTO 商品 VALUES("20","1032","C 牌传真机",1000,20,"上海")
INSERT INTO 商品 VALUES("40","0105","B 牌微波炉",600,10,"上海")
INSERT INTO 商品 VALUES("20","0110","A 牌电话机",200,50,"广东")
INSERT INTO 商品 VALUES("30","1041","C 牌计算机",6000,10,"北京")
```

插入后的记录如图 4-11 所示。

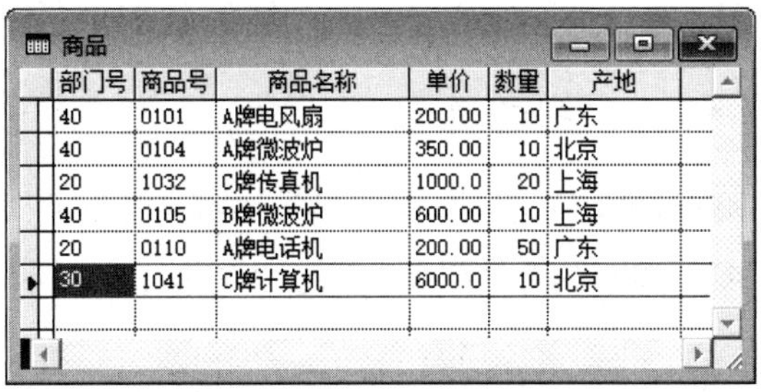

商品

部门号	商品号	商品名称	单价	数量	产地
40	0101	A牌电风扇	200.00	10	广东
40	0104	A牌微波炉	350.00	10	北京
20	1032	C牌传真机	1000.0	20	上海
40	0105	B牌微波炉	600.00	10	上海
20	0110	A牌电话机	200.00	50	广东
30	1041	C牌计算机	6000.0	10	北京

图 4-11　“商品”表记录

实例 3　将“商品”表中部门号为 40 的商品单价全部降价 10%。

修改记录使用 SQL 的 UPDATE…SET 命令，在命令窗口输入命令：

```
UPDATE 商品 SET 单价=单价*0.9 WHERE 部门号="40"
```

使用 BROWSE 命令浏览记录的修改情况，如图 4-12 所示。

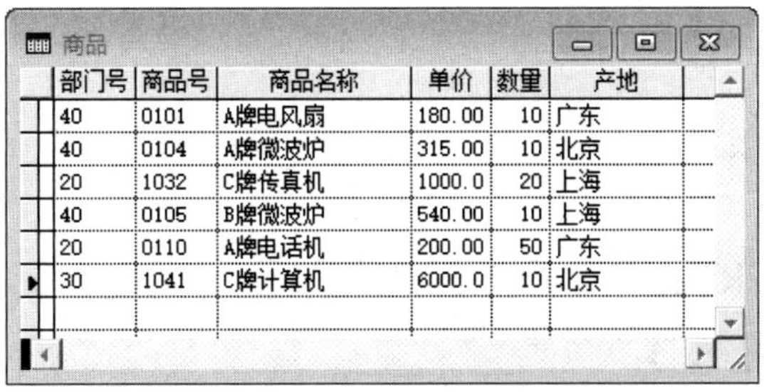

商品

部门号	商品号	商品名称	单价	数量	产地
40	0101	A牌电风扇	180.00	10	广东
40	0104	A牌微波炉	315.00	10	北京
20	1032	C牌传真机	1000.0	20	上海
40	0105	B牌微波炉	540.00	10	上海
20	0110	A牌电话机	200.00	50	广东
30	1041	C牌计算机	6000.0	10	北京

图 4-12　修改单价后的记录

从浏览结果中可以观察到部门号为 40 的商品单价已经被修改。

实例 4　将“商品”表中全部记录的数量增加 2。

使用 UPDATE…SET…WHERE 命令修改全部记录时，可以省略 WHERE 短语。在命令窗口输入命令：

```
UPDATE 商品 SET 数量=数量+2
```

使用 BROWSE 命令浏览记录的修改情况，如图 4-13 所示。

图 4-13 修改数量后的记录

从浏览结果中可以观察到数量都在原来的基础上增加了 2。

实例 5　删除"商品"表中产地是"上海"的记录。

删除记录使用 SQL 的 DELETE FROM 命令，在命令窗口输入命令：

```
DELETE FROM 商品 WHERE 产地="上海"
```

上述删除操作只是逻辑删除记录，如果要从表中删除记录，还需要输入 PACK 命令，对记录进行物理删除。删除记录后的"商品"表记录如图 4-14 所示。

图 4-14 删除记录后的"商品"表记录

使用 DELETE FROM 命令删除记录时，省略 WHERE 短语则逻辑删除全部记录。

练一练

1. 填空题

（1）一条 SQL 的 INSERT INTO 命令只能插入_____条记录。

（2）SQL 语言中更新记录的命令是_____。

（3）SQL 语言中删除记录的命令是_____。

（4）要将"工资"表中"职称"为"工程师"的人员工资增加 500 元，语句为：

```
UPDATE 工资 _____ WHERE 职称="工程师"
```

（5）使用 SQL 的 SELECT 语句将查询结果存储在一个临时表中，应使用_____子句。

（6）使用 SQL 的 CREATE TABLE 语句建立数据库表时，使用_____子句说明主索引。

（7）使用 SQL 的 CREATE TABLE 语句建立数据库表时，使用_____子句说明有效性规则（域完整性规则或字段取值范围）。

（8）在用 SQL 的 SELECT 语句进行分组计算查询时，可以使用_____子句去掉不满足条件的分组。

（9）设有 s（学号，姓名，性别）和 sc（学号，课程号，成绩）两个表，下面 SQL 的 SELECT 语句检索选修的每门课程的成绩都高于或等于 85 分的学生的学号、姓名和性别。

```
SELECT 学号,姓名,性别 FROM s ;
    WHERE _____( SELECT * FROM sc WHERE sc.学号= s.学号 AND 成绩 < 85 )
```

2．选择题

（1）"工资"表中有"职工编号"和"工资"两个字段，下列插入记录命令正确的是（　　）。

  A．INSERT INTO 工资（工资，职工编号）VALUES（"A40"，2000）

  B．INSERT INTO 工资（职工编号，工资）VALUES（"A40","2000"）

  C．INSERT INTO 工资 VALUES（"A40","2000"）

  D．INSERT INTO 工资 VALUES（"A40"，2000）

（2）"工资"表中有"职工编号"和"工资"两个字段，只给"职工编号"字段输入数据，下列命令正确的是（　　）。

  A．INSERT INTO 工资（职工编号）VALUES（A40）

  B．INSERT INTO 工资（职工编号，工资）VALUES（"A40",""）

  C．INSERT INTO 工资（职工编号）VALUES（"A40"）

  D．INSERT INTO 工资 VALUES（"A40"，2000）

（3）将"工资"表中全部记录的工资在原来的基础上提高 20%，下列命令正确的是（　　）。

  A．UPDATE 工资 SET 工资*1.2

  B．UPDATE 工资 SET 工资*1.2=工资

  C．UPDATE 工资 SET 工资=工资*1.2

  D．UPDATE 工资 SET 工资 WITH 工资*1.2

（4）逻辑删除"工资"表中工资小于 1000 元的记录，下列命令正确的是（　　）。

  A．DELETE FROM 工资 FOR 工资<1000

  B．DELETE 工资 WHERE 工资<1000

  C．DELETE FROM 工资<1000

  D．DELETE FROM 工资 WHERE 工资<1000

（5）如果学生表 STUDENT 是使用下面的 SQL 语句创建的：

```
CREATE TABLE STUDENT(SNO C(4)PRIMARY KEY NOT NULL),SN C(8),;
   sex c(2),age n(2)check(age>15 and age<30)
```

则下面的 INSERT 语句中可以正确执行的是（　　）。

A．INSERT INTO STUDENT（SNO，SEX，AGE）VALUES（"S9"，"男"，17）

B．INSERT INTO STUDENT（SNO，SEX，AGE）VALUES（"李安琦"，"男"，20）

C．INSERT INTO STUDENT（SEX，AGE）VALUES（"男"，20）

D．INSERT INTO STUDENT（SNO，SN）VALUES（"S9"，"安琦"，16）

（6）SQL 的 INSERT 命令的功能是（　　）。

A．在表头插入一条记录　　　　B．在表尾插入一条记录

C．在表中任意位置插入一条记录　D．在表中插入任意条记录

（7）"图书"表中有字符型字段"图书 ID"，要求用 SQL 的 DELETE 命令将图书 ID 以字母 A 开头的图书记录全部加上删除标记，正确的命令是（　　）。

A．DELETE FROM 图书 FOR 图书 ID LIKE "A%"

B．DELETE FROM 图书 WHILE 图书 ID LIKE "A%"

C．DELETE FROM 图书 WHERE 图书 ID= "A*"

D．DELETE FROM 图书 WHERE 图书 ID LIKE "A%"

（8）在 SQL 中，删除表的命令是（　　）。

A．ERASE TABLE　　　　　　B．DELETE TABLE

C．DROP TABLE　　　　　　D．DELETE DBF

做一做

1．使用 INSERT INTO 命令在"图书"数据库的"Book"表中插入以下 3 条记录。

记录号	图书 ID	书名	作者 ID	单价	版次	出版日期
1	B2350	东方之子	R980	12.00	1	2014/12/23
2	W3271	天外来客	R002	19.50	3	2015/01/12
3	C7612	世界之窗	R321	21.20	2	2017/07/24

2．使用 INSERT INTO 命令在"JY"表中插入以下 4 条记录。

记录号	借书证号	图书 ID	借书日期	还书日期
1	J006	W3271	2022/10/18	2022/12/10
2	J721	C7612	2023/01/07	2023/03/25
3	J006	B2350	2023/05/11	
4	J123	W3271	2023/02/19	2023/04/09

提示：表示日期型常量时用花括号，如 2022 年 10 月 18 日表示为{^2022/10/18}。

3．使用 UPDATE 命令将"Book"表中书名为"东方之子"的记录修改为"中华名人"。

4．使用 UPDATE 命令将"JY"表中全部记录的借书日期提前 5 天。

5．使用 DELETE 命令删除"JY"表中已经归还图书，且还书日期距 2023 年 5 月 1 日超过 30 天的记录。

第 5 章

表 单 设 计

5.1 知识结构图

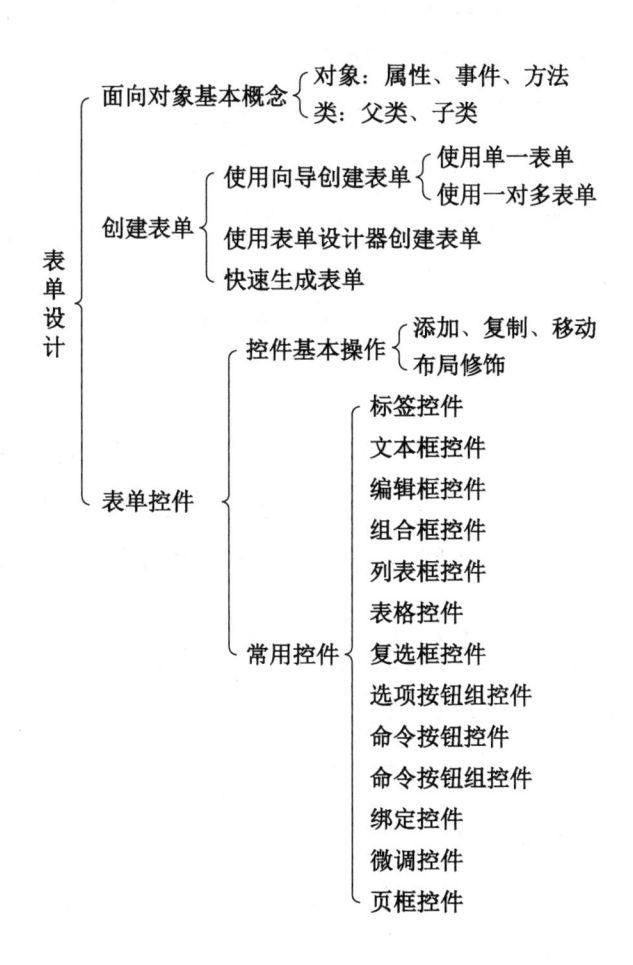

```
                          ┌ 面向对象基本概念 ┌ 对象：属性、事件、方法
                          │                 └ 类：父类、子类
                          │
                          │                 ┌ 使用向导创建表单 ┌ 使用单一表单
                          │ 创建表单 ───────┤                  └ 使用一对多表单
                          │                 │ 使用表单设计器创建表单
表                        │                 └ 快速生成表单
单  ──────────────────────┤
设                        │                 ┌ 控件基本操作 ┌ 添加、复制、移动
计                        │                 │              └ 布局修饰
                          │                 │ 标签控件
                          │                 │ 文本框控件
                          │ 表单控件 ───────┤ 编辑框控件
                          │                 │ 组合框控件
                          │                 │ 列表框控件
                          │                 │ 表格控件
                          │                 │ 复选框控件
                          │                 │ 选项按钮组控件
                          │                 │ 命令按钮控件
                          │                 │ 命令按钮组控件
                          │                 │ 绑定控件
                          │                 │ 微调控件
                          │                 └ 页框控件
```

5.2 知识要点

1. 对象

对象是一个独立存在的实体，属性是用来描述对象特征的，事件是指对象所发生的特定事情，方法是描述对象行为的过程。

2．类

类是具有相同特征的对象的集合，这些对象具有相同种类的属性及方法。

系统本身提供的类称为基类。基类包括容器类和控件类。容器类是其他对象的集合，如表格、选项按钮组；控件类是单一的对象，不包含其他对象，如命令按钮、文本框。子类是以其他类定义为起点，对某一对象所建立的新类。新类继承任何对父类所做的修改。

类库是存储类的文件，每个以可视方式设计的类都存储在一个类库中。

类具有封装性、继承性、多态性、抽象性等特性。

3．表单

表单是由一个或多个页面组成的，类似于标准窗口的接口。

表单集是指可以包含一张或多张表单的容器。用户可以将多个表单创建在一个表单集中，作为一组进行处理。使用表单集有以下优点：

● 可以同时显示或隐藏表单集中的全部表单。

● 可以用可视模式调整多个表单以控制它们的相对位置。

● 由于表单集中所有表单都在单个.scx 文件中用单独的数据环境定义，因此，可自动同步改变多个表单中的记录指针。如果在一个表单的父表中改变记录指针，则另一个表单中子表的记录指针被更新和显示。

● 运行表单集时，将加载表单集中的所有表单和表单中的所有对象。

4．表单控件

控件是表单中用于显示数据、执行操作命令或修饰表单的一种对象。Visual FoxPro 6.0 为用户设计表单提供了丰富的控件，这些控件对象基于所属的类可以分为容器类和控件类。容器类可以包含其他对象，并且允许访问这些对象。每种容器类所能包含的对象如表 5-1 所示。

表 5-1　容器类所能包含的对象

容　　器	所包含的对象
命令按钮组	命令按钮
容器	任意控件
控件	任意控件
表单集	表单、工具栏
表单	页框、任意控件、容器或自定义对象
表格列	表头对象，以及除表单、表单集、工具栏、计时器和其他列对象以外的任意对象
表格	表格列
选项按钮组	选项按钮
页框	页面
页面	任意控件、容器和自定义对象
工具栏	任意控件、页框和容器

1）标签控件

标签控件一般用于显示表单上的文本信息，用来标识表中的字段名称或表单的说明和提示信息。常用的标签控件属性有 Caption（标题）、Name（控件名）、Alignment（对齐方式）、FontSize（字体大小）、FontName（文字字体）等。

2）文本框和编辑框控件

文本框控件主要用于对表中字段（备注型、通用型字段除外）内容的输入、输出，以及通过表单给内存变量赋值等操作，这也是与标签控件最主要的区别。常用的文本框控件属性有 ControlSource、Value、InputMask 等。

编辑框控件类似于文本框控件。编辑框控件可编辑长字段或备注型字段文本，允许自动换行并能用键盘方向键及垂直滚动条来浏览文本。

3）组合框和列表框控件

组合框控件兼有列表框控件和文本框控件的功能，它有下拉组合框和下拉列表框两种形式。下拉组合框用户既可以从列表中选择，也可以在编辑区内输入内容并直接添加到组合框对象中，而列表框是选择类型的组合框，无法输入新内容，只能选择现有的项目。常用的控件属性有 RowSource、RowSourceType、ControlSource、DisplayCount、Style 等。

- RowSource：组合框中数据的来源。
- RowSourceType：组合框中数据源的类型。
- ControlSource：指定一个变量或字段保存用户从组合框中选择的结果。
- DisplayCount：显示在组合框下拉列表中的条目个数。
- Style：设置是下拉组合框还是下拉列表框。

4）复选框控件

复选框是一个选择性控件，主要反映某些条件是否成立，如"真"或"假""是"或"否"。常用属性有 Caption、Value 和 ControlSource。通过设置 Value 的属性值可设置复选框的初始状态（0、1 或 2）。

5）表格控件

表格控件是一个容器对象，它包含列。这些列除了包含标题和控件外，每列都可以有属于自己的一组属性、事件和方法程序。它提供了对每条记录的全屏幕输入方式，以行和列的方式显示数据。

常用的表格控件属性有 RecordSourceType、RecordSource、ColumnCount、LinkMaster、ChildOrder、RelationExpr 等。

常用的列属性有 ControlSource 和 CurrentControl 等。

6）命令按钮控件

Visual FoxPro 6.0 提供了多种按钮控件，如文字提示按钮、图文按钮、命令按钮及图形变化按钮等，其中命令按钮的属性 Caption 设置按钮标题文本，Picture 属性设置按钮上显示的图形文件（.bmp 等），WordWrap 属性设置是否进行折行处理，DownPicture 属性设置当按钮被选定时要显示的图形。表 5-2 列出了几个常用命令按钮的代码。

表 5-2 常用命令按钮的代码

命令按钮	代 码
上一条	If Not Bof() Skip -1 Endif ThisForm.Refresh
下一条	If Not Eof() Skip Endif ThisForm.Refresh
第一条	Go Top ThisForm.Refresh
最后一条	Go Bottom ThisForm.Refresh
退出	ThisForm.Release

7）命令按钮组与选项按钮组控件

除了命令按钮外，还提供了一个命令按钮组控件，可以用来直接设定一组按钮对象。按钮组具有层次性，外层为按钮组，内层对象为按钮，其中 ButtonCount 属性设定按钮组的按钮数目。

选项按钮组控件与命令按钮组控件类似，也具有两层：选项按钮组和选项按钮。选项按钮组控件用于建立一个选项组供用户选择，每次用户只能从中选择一个选项。

8）ActiveX 绑定控件

数据表结构提供了通用型字段，它支持 OLE 对象的链接和嵌入，如照片、声音、动画、文件等。常用的 ActiveX 绑定控件属性有 ControlSource、Stretch、AutoSize 等。在 ActiveX 绑定型对象中，通过设定 ControlSource 属性，与表的通用型字段相关联，并进行数据维护与显示。通常设定 Stretch 属性的"变比填充"方式来显示图形。

9）图像控件

图像控件允许在表单中添加.bmp 文件等图片，图像控件也具有自己的属性、事件和方法，并在设计时可动态地更改。用户可以用单击、双击和其他方式来交互地显示图像。

10）页框控件

利用页框能扩展表单的表面面积。页框是包含页面的容器对象，页面又可包含控件。表单中可以包含一个或多个页框。用 PageCount 属性来设置页框中包含的页面数。

11）微调控件

微调控件主要用来在输入数值时，利用其上、下箭头的增减按钮来调整数值，也可以直接通过键盘在微调控件中输入数值。

常用的微调控件属性有 KeyboardHighValue、KeyboardLowValue、SpinnerHighValue、SpinnerLowValue、Increment、Value、ControlSource 等。

12）计时器控件

计时器控件主要利用系统时钟来控制一些具有规律性周期任务的定时操作。它以一定的间隔重复地执行某种操作，其时间间隔用 Interval 属性来指定，以 ms 作为计量单位。计时器的 Enabled 属性与其他对象的 Enabled 属性不同，将 Enabled 属性设置为.F.，会挂起计时器的运行。

将计时器控件拖动到表单中，即可创建一个计时器控件，计时器在表单设计时是可见的，这样便于设置其属性，为它编写事件、方法程序；而在表单运行时，计时器是不可见的，它的位置和大小都无关紧要。

13）线条控件

线条控件可以建立水平线、垂直线或对角线，其中 LineSlant 属性设置线条的倾斜方向为 "＼" 或 "／"。

14）形状控件

形状控件主要用于创建矩形、圆或椭圆形状的对象。线条控件和形状控件都是图形控件，不能直接对其进行修改，但可以通过其属性设置、事件程序的应用来修改形状。其中，Curvature 属性用来设置角的曲率，0（默认）表示无曲率，控件形状为矩形；99 表示最大曲率，控件形状为圆或椭圆。FillColor 属性用来设置所画图形的填充颜色。FillStyle 属性用来设置所画图形的填充风格：0——实线，1——透明，2——水平线，3——垂直线，4——向上对角线，5——向下对角线，6——交叉线，7——交叉对角线。

实训 1　使用表单向导创建表单

跟我做

实训要求

● 能使用表单向导创建单个表的表单
● 能使用表单向导创建多个表的表单

实例 1　利用表单向导，创建一个基于"图书"表的"图书基本信息"表单，要求按"出版社 id"字段升序排序。

操作步骤：

（1）打开项目文件"图书管理"，在"文档"选项卡中选择"表单"，再利用表单向导创建表单。

（2）根据向导提示，选取"图书"表，并选择全部字段。

（3）根据向导提供的样式，选择"浮雕式"，再选择"文本按钮"。

（4）按"出版社 id"字段升序排序。

（5）输入表单标题"图书基本信息"，预览确定后，保存该表单，文件名为"图书 1.scx"。

运行该表单，结果如图 5-1 所示。

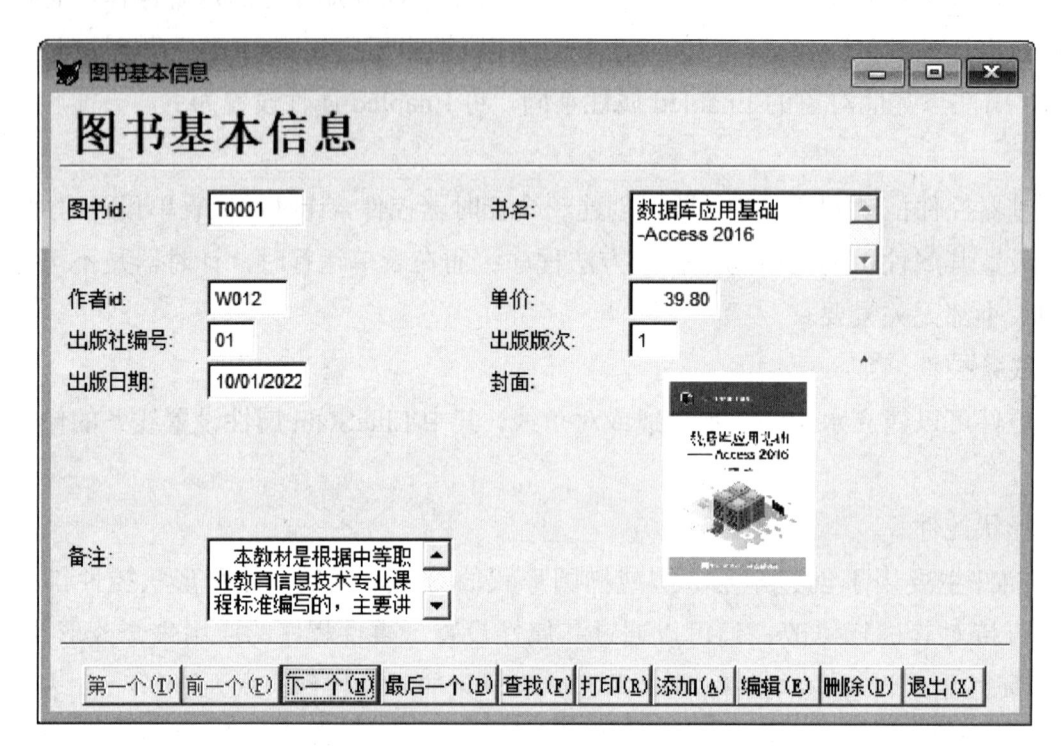

图 5-1　"图书 1"表单运行结果

单击表单上的控制按钮，浏览记录情况。

想一想

单击表单上的"删除"按钮删除记录，该记录是否真正从表中被删除？

实例 2　以"读者"表为父表，"借阅"表为子表，利用表单向导创建一个一对多表单，要求按"借书证号"字段升序排序。

操作步骤：

（1）选择"一对多表单向导"创建表单。

（2）选择"读者"表为父表，"借阅"表为子表，并选择适当的字段。

（3）按"借书证号"字段建立两个表之间的连接。

（4）选取适当的表单样式和按钮类型。例如，选择"凹陷式"和"图片按钮"。

（5）确定排序字段。例如，选择"借书证号"字段并升序排序。

（6）输入表单标题"读者借阅信息"，并以文件名"读者 1"保存表单。

运行该表单，结果如图 5-2 所示。

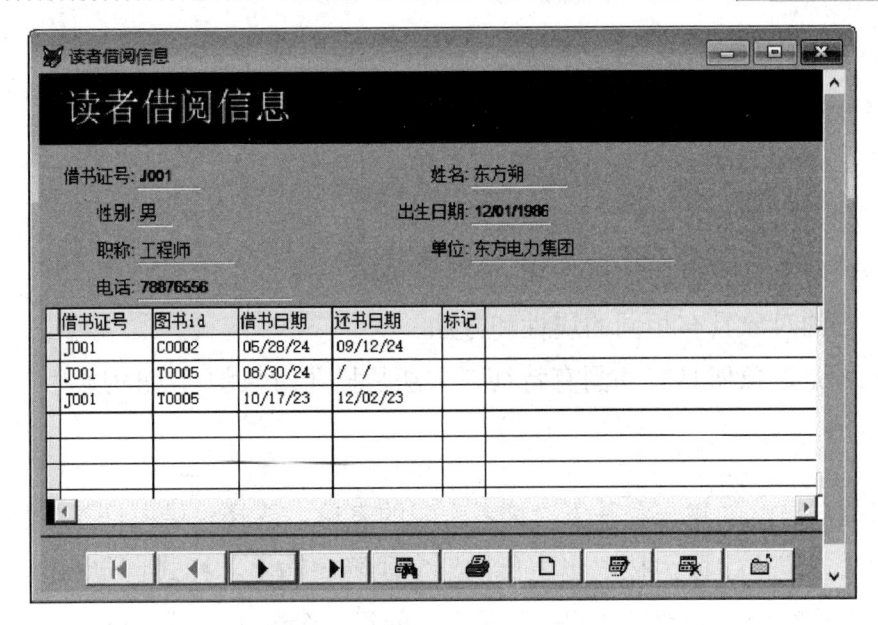

图 5-2 "读者 1"表单运行结果

想一想

上例操作中,如果以"借阅"表为父表,"读者"表为子表,创建一个表单,结果会如何?

练一练

1. 填空题

(1) 使用表单向导创建表单时,最多可以选择_____个字段或_____个索引标识来排序记录。

(2) 使用表单向导创建表单时,向导提供的表单样式有_____、_____、_____、_____、_____、_____、_____、_____和_____ 9 种类型。

2. 选择题

(1) 使用表单向导创建表单时,数据源不能是(　　)。

　　A.自由表　　　　B.数据库表　　C.视图　　　　D.查询

(2) 表单文件的扩展名是(　　)。

　　A..dbf　　　　　B..dbc　　　　C..scx　　　　D..qpr

(3) 下面关于类、对象、属性和方法的叙述中,错误的是(　　)。

　　A.类是对一类相似对象的描述,这些对象具有相同种类的属性和方法

　　B.属性用于描述对象的状态,方法用于表示对象的行为

　　C.基于同一个类产生的两个对象可以分别设置自己的属性值

　　D.通过执行不同对象的同名方法,其结果必然是相同的

（4）子类或对象具有沿用父类的属性、事件和方法的能力，称为类的（　　）。

  A．继承性　　　　B．抽象性　　　C．封装性　　　　D．多态性

（5）下面关于对象的叙述，错误的是（　　）。

  A．对象是客观世界的任何实体

  B．任何对象都有自己的属性和方法

  C．不同的对象具有相同的属性和方法

  D．属性是对象所具有的固有特征，方法是描述对象的行为的过程

做一做

1．使用表单向导，创建一个基于"读者"表的表单，选择"借书证号""姓名""出生日期""职称"和"单位"字段，按"出生日期"字段降序输出，样式自定。

2．利用第 3 章实训 3 创建的"TS1"视图，创建一个表单，按"图书 id"字段升序排序输出。

3．利用第 3 章实训 3 创建的"TS3"参数化视图，创建一个表单，样式自定。

4．以"图书"表为父表，"借阅"表为子表，按"图书 id"字段建立关联，创建一个一对多表单。

5．以"图书"表和"借阅"表创建一个视图，再以"读者"表为父表，以该视图创建为子表，创建一个一对多表单。

实训 2　使用表单设计器创建表单

跟我做

实训要求

- 会使用表单设计器创建表单
- 能在表单中添加表单控件

实例 1　快速创建一个基于"图书"表的简单表单。

操作步骤：

（1）新建表单。在表单设计器窗口中，单击系统菜单"表单"中的"快速表单"命令。

（2）选择表单控件。在"表单生成器"对话框的"字段选取"选项卡中选择"Books"数据库及其"图书"表，并选定该表的全部字段。

（3）选择表单样式。从"样式"列表中选择一个表单样式，如"浮雕式"。

（4）以文件名"图书 2"保存该表单。

运行该表单，结果如图 5-3 所示。

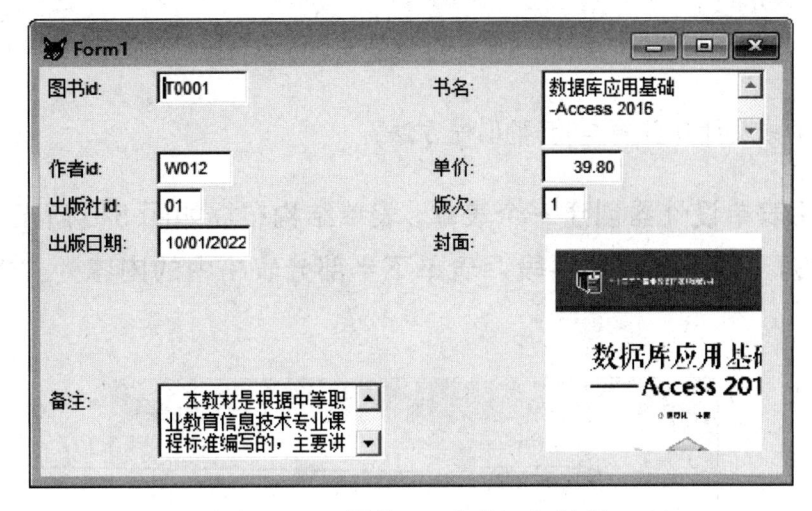

图 5-3 "图书 2"表单运行结果

想一想

"图书 2"表单与"图书 1"表单的结果有何异同？

实例 2 使用表单设计器创建一个基于"读者"表的表单"读者 2"，选择全部字段，要求按如图 5-4 所示布局设计表单。

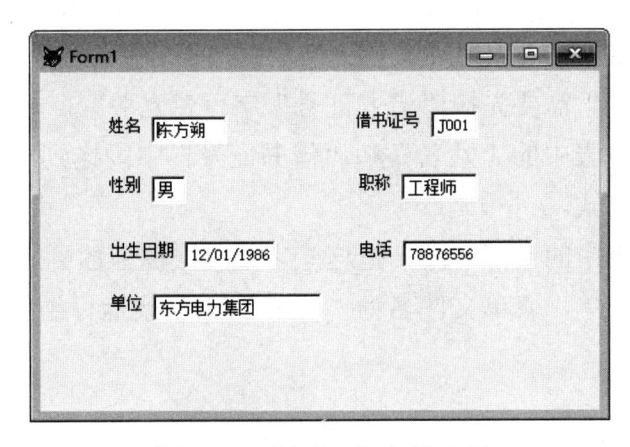

图 5-4 "读者 2"表单布局

操作步骤：

（1）新建表单。在表单设计器窗口中，打开"数据环境设计器"窗口。

（2）在"数据环境设计器"窗口中添加"读者"表。

（3）按如图 5-4 所示布局设计表单。将"读者"表的字段依次从"数据环境设计器"窗口拖到"表单设计器"窗口，调整好各个字段控件的位置。

调整字段控件位置时，除了逐个调整控件大小和位置外，还可以设置其对齐方式。按下 Shift 键，选择同一行中的多个控件，再选择"格式"菜单中的"对齐"选项，选择对齐方式，例如，选择"顶边对齐"；同样，一列中的多个控件，可设置"左边对齐"方式。

（4）保存并运行该表单，表单文件名为"读者 2"。

想一想

打开"数据环境设计器"窗口有哪几种方法？

实例 3 使用表单设计器创建一个表单，表单结构布局如图 5-5 所示。表单上半部分的两个字段控件为"读者"表中字段，表单下半部分表格中的内容为"借阅"表中的全部字段。

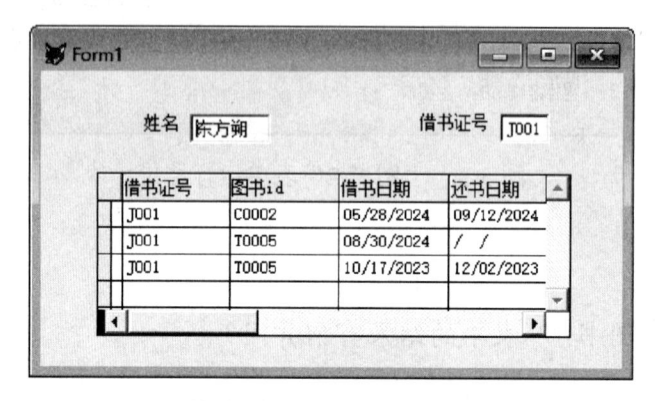

图 5-5 表单结构布局

操作步骤：

（1）启动表单设计器，在"数据环境设计器"窗口中分别添加"读者"表和"借阅"表。如果两个表没有建立关联，需要先按"借书证号"字段建立关联。

（2）分别将"读者"表中的"姓名"和"借书证号"字段拖到"表单设计器"窗口中，并调整字段位置及对齐方式。

（3）选择"借阅"表中的全部字段，把这些字段一次性拖放到表单中。

（4）保存并运行该表单，表单文件名为"借书1"，观察运行结果。

想一想

在"数据环境设计器"窗口中，如何一次选择表中多个字段？

练一练

1. 填空题

（1）在快速生成表单之前，必须先启动_____，再创建表单。

（2）"表单生成器"对话框中包含_____和_____两个选项卡。

（3）首次打开"表单设计器"时，表单的标题为_____。

（4）表单集是包含一个或多个_____的父层次的容器。

（5）设计表单时，要确定表单中是否有最大化按钮，可通过表单_____属性进行设置。

2. 选择题

（1）使用数据环境设计器主要为创建表单（　　）。

　　A．添加表或视图作为数据来源　　B．提供表单控件

　　C．打开表单生成器　　　　　　　D．打开属性窗口

（2）要修改字段类型映像到类中的关系，需要在"选项"对话框中设置的选项卡是（　　）。

　　A．数据　　　　　　　　　　　　B．调试

　　C．字段映像　　　　　　　　　　D．控件

（3）在表单上对齐和调整控件的位置，应使用（　　）。

　　A．表单控件工具栏　　　　　　　B．布局工具栏

　　C．常用工具栏　　　　　　　　　D．定制工具栏

（4）设计表单时，要设定表单窗口的颜色，可使用（　　）。

　　A．Caption 属性　　　　　　　　 B．BackColor 属性

　　C．ForeColor 属性　　　　　　　 D．Color 属性

（5）表单控件工具栏的作用是在表单上创建（　　）。

　　A．文本　　　　　　　　　　　　B．事件

　　C．控件　　　　　　　　　　　　D．方法

（6）下列叙述中，不属于表单数据环境常见操作的是（　　）。

　　A．向数据环境中添加表或视图　　B．向数据环境中添加控件

　　C．从数据环境中删除表或视图　　D．在数据环境中编辑关系

（7）利用数据环境，将表中备注型字段拖到表单中，将产生一个（　　）。

　　A．文本框控件　　　　　　　　　B．列表框控件

　　C．编辑框控件　　　　　　　　　D．容器控件

（8）下面关于表单数据环境的叙述，错误的是（　　）。

　　A．可以在数据环境中加入与表单操作有关的表

　　B．数据环境是表单的容器

　　C．可以在数据环境中建立表之间的联系

　　D．表单运行时自动打开其数据环境中的表

做一做

1．快速生成一个基于"读者"表的表单，并选取全部字段，样式为"阴影式"。

2．使用表单设计器修改实训 1 中利用表单向导创建的"图书 1"表单，表单布局自定。

3．使用表单设计器创建一个基于"图书"表的表单，选择"图书 id""书名""单价""出版日期""封面"和"备注"字段，表单布局自定。

4．修改第 3 题创建的表单，如图 5-6 所示，表单中的字段控件来自"图书"表和"借阅"表。

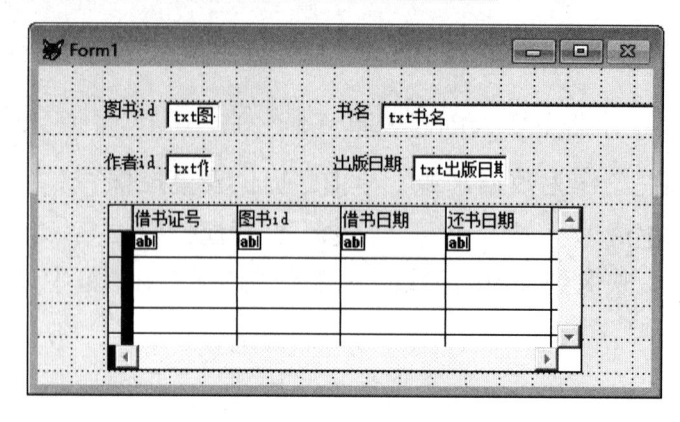

图 5-6　修改后的表单

5. 使用表单设计器修改第 1 题创建的简单表单，各标签控件字体为隶书，字号为 10，其他自行设计。

实训 3　表单控件的使用（1）

跟我做

实训要求

● 学会表单及其属性的设计

● 能使用常用的表单控件

实例 1　设计一个图书管理系统封面，如图 5-7 所示，表单上有 3 个标签，用于显示系统程序的说明信息。

图 5-7　图书管理系统封面表单

操作步骤：

（1）打开项目文件"图书管理"，新建表单。

（2）在"属性"窗口定义表单的下列属性：

Caption:登录窗口

（3）添加控件。在"表单控件"工具栏窗口中单击"标签"按钮，在表单的合适位置拖动鼠标，将一个标签控件添加到表单中，设置标签的下列属性：

Caption:图书管理系统
FontName:楷体
FontSize:22

（4）重复操作步骤（3），添加标签控件 2 和标签控件 3，其属性分别按如下所示进行设置：

标签控件 2：
Caption:东方大数据应用开发公司
FontName:仿宋
FontSize:12

标签控件 3：
Caption:2023 年 7 月
FontName:宋体
FontSize:10

调整以上 3 个标签的布局。

（5）以文件名"封面"保存该表单并运行，观察运行结果。

实例 2 在"封面"表单的基础上，添加一个标签控件和一个计时器控件，如图 5-8 所示，计时器控件用于动态显示标签控件文本"欢迎使用图书管理系统"。

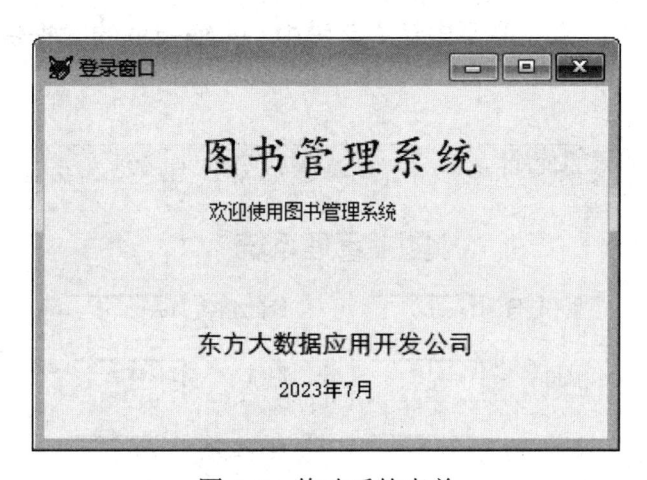

图 5-8 修改后的表单

操作步骤：

（1）在表单设计器中打开"封面"表单，添加标签控件，其属性按如下所示进行设置：

Caption:欢迎使用图书管理系统
ForeColor:255,0,0

（2）在表单中添加计时器控件，其属性按如下所示进行设置：

Enable:.T.
Interval:180
Name:Timer1

(3) 双击 Timer1 控件，在代码编辑窗口定义 Timer1 的 Timer 事件代码，如图 5-9 所示。

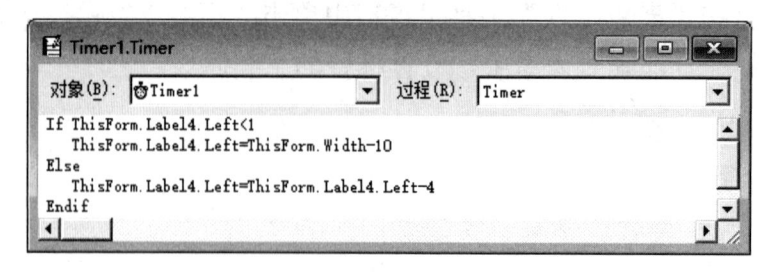

图 5-9　Timer1 的 Timer 事件代码

(4) 保存该表单并运行，观察运行结果。

想一想

如果使 Label4 的文本信息从左向右移动，应如何修改 Timer 事件代码？

实例 3　设计一个如图 5-10 所示的"读者管理"表单，在表单上添加标签、文本框和编辑框控件。要求：①表单标题为"读者管理"；②单击"图书管理系统"标签后，该标签显示为"读者管理系统"；③6 个文本框的数据分别保存在"读者"表的"借书证号""读者姓名""性别""职称""出生日期"和"联系电话"字段中；④编辑框的数据保存在"读者"表的"单位"字段中。

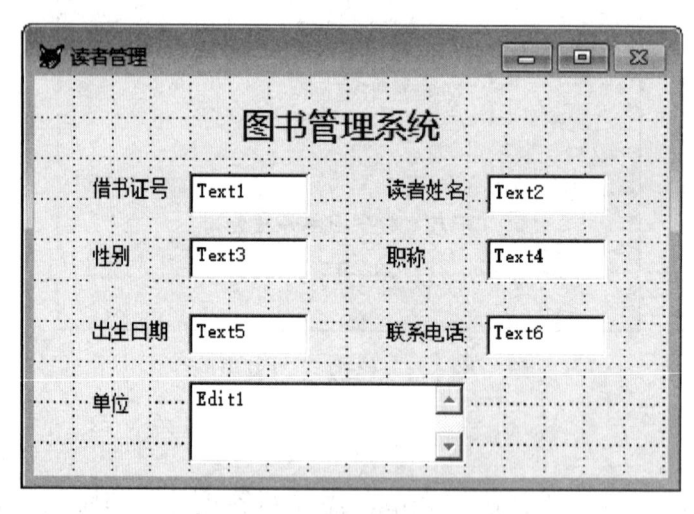

图 5-10　"读者管理"表单

操作步骤：

(1) 打开表单设计器，自动建立一个名为"Form1"的表单。

(2) 将表单标题的 Caption 属性设置为"读者管理"。

(3) 在表单上添加 8 个标签，其中 Label1 属性设置如下：

```
Caption:图书管理系统
FontName:微软雅黑
FontSize:15
```

依次设置 Label2，…，Label7 标签的 Caption 等属性，再双击 Label1，输入其 Click 事件代码：This.Caption="读者管理系统"。

（4）设置表单数据源为"读者"表，再在表单上添加 6 个文本框，通过"属性"窗口完成 ControlSource 属性设置。例如，Text1 的 ControlSource 属性值设置为"读者.借书证号"，其他 5 个文本框的 ControlSource 属性设置依次类推。

（5）在表单上添加一个编辑框，将其 ControlSource 属性设置为"读者.单位"。

（6）调整表单上的各个控件，使整个表单布局合理。

（7）以文件名"读者管理"保存该表单。

运行该表单，单击"图书管理系统"文本，观察运行结果。修改"读者"表数据，浏览"读者"表，观察修改后的数据是否回存到"读者"表中。

实例 4 修改上述建立的"读者管理"表单，将文本框 Text4 修改为组合框 Combo1，数据源 RowSource 为"读者"表的职称字段，表单设计如图 5-11 所示。

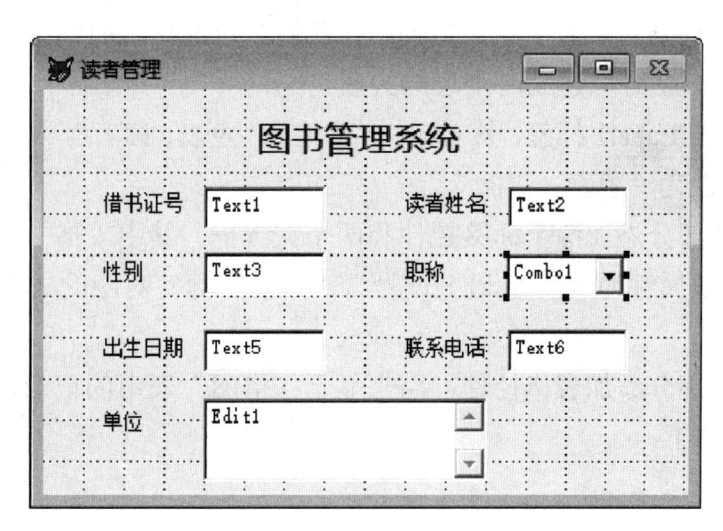

图 5-11 "读者管理 1"表单

操作步骤：

（1）打开表单设计器，修改"读者管理"表单。

（2）将文本框 Text4 删除，添加组合框 Combo1，通过其生成器对话框或"属性"窗口设置 RowSource 属性为"读者.职称"，其他样式和布局自行设计。

（3）调整表单上的各个控件，使整个表单布局合理。

（4）以文件名"读者管理 1"保存该表单，单击该组合框下拉按钮，观察运行结果。

实例 5 设计一个具有一对多关系的"读者借阅"表单，该表单分为两部分，上方是一个主表——"读者"表，显示"借书证号"和"姓名"字段，下方是一个子表——"借阅"表，显示主表当前借书证号所对应的借书记录，如图 5-12 所示。

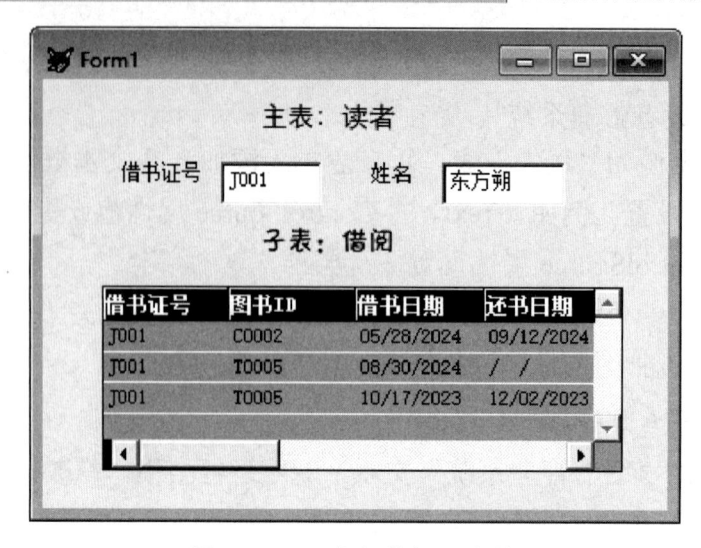

图 5-12 "读者借阅"表单

操作步骤：

（1）打开表单设计器，创建一个"Form1"表单，为表单添加数据源"读者"表和"借阅"表，并通过"借书证号"建立两个表的关联。

（2）在表单上添加 Label1 标签，其 Caption 属性为"主表：读者"，再在表单上创建 Label2 标签，其 Caption 属性为"子表：借阅"。

（3）在表单上半部分添加两个标签控件和两个文本框，其中"借书证号"标签对应的文本框的 ControlSource 属性为"读者.借书证号"，"姓名"标签对应的文本框的 ControlSource 属性为"读者.姓名"。

（4）在表单下半部分添加表格控件，用来显示"借阅"表中的记录，表格样式为"专业型"。表格其他属性如下：

```
ChildOrder:借书证号
LinkMaster:读者
RelationalExpr:借书证号
```

（5）以文件名"读者借阅"保存该表单，并观察运行结果。

练一练

1. 填空题

（1）Visual FoxPro 6.0 的标准表单控件中，系统提供生成器工具的控件有文本框、_____、_____、_____、_____、_____和_____。

（2）"文本框生成器"对话框中有_____、_____和_____3个选项卡。

（3）在表单中添加控件的方法是，选定表单控件工具栏中的某个控件，然后_____便可添加一个选定的控件；如果想要添加多个同类型的控件，可以在选定控件按钮后，单击_____按钮，然后在表单的不同位置单击，就可以添加多个同类型的控件。

（4）在表单中添加了某些控件后，除了通过属性窗口为其设置属性外，也可以通过相应的_____为其设置常用的属性。

（5）在文本框中，_____属性指定在一个文本框中如何输入和显示数据，利用_____属性指定文本框内显示占位符。

2．选择题

（1）在 Visual FoxPro 6.0 中，文本框控件默认的名字是（　　）。

  A．List   B．Label   C．Edit   D．Text

（2）下列表单控件中，不属于容器类的是（　　）。

  A．命令按钮组   B．选项按钮组

  C．复选框   D．表格

（3）以下关于表单的叙述，正确的是（　　）。

  A．所谓表单就是数据表清单

  B．表单是一个容器类的对象

  C．表单可以用来设计类似于窗口或对话框的用户界面

  D．在表单上可以设置各种控件对象

（4）以下关于表单中文本框和编辑框的区别，正确的是（　　）。

  A．文本框只能用于输入数据，而编辑框只能用于编辑数据

  B．文本框内容可以是文本、数值等多种数据，而编辑框内容只能是文本数据

  C．文本框只能用于输入一段文本，而编辑框能输入多段文本

  D．文本框允许输入多段文本，而编辑框只能输入一段文本

（5）在当前表单的 Label1 控件中显示系统时间的语句是（　　）。

  A．ThisForm.Label1.Caption=Time()

  B．ThisForm.Label1.Value=Time()

  C．ThisForm.Label1.Text=Time()

  D．ThisForm.Label1.Control=Time()

（6）不可以作为文本框控件数据来源的是（　　）。

  A．数值型字段 B．内存变量 C．字符型字段 D．备注型字段

（7）如果文本框的 SelStart 属性值为-1，表示的含义为（　　）。

  A．光标定位在文本框的第一个字符位置上

  B．从当前光标处向前选定一个字符

  C．从当前光标处向后选定一个字符

  D．错误属性值，该属性值不能为负数

（8）下列关于组合框的说法中，正确的是（　　）。

  A．组合框中只有一个条目是可见的

  B．组合框不提供多重选定的功能

  C．组合框没有 MultiSelect 属性的设置

D．以上说法均正确

（9）在 Visual FoxPro 中，组合框的 Style 属性值为 2，则该下拉框的形式为（　　）。

A．下拉组合框　　B．下拉列表框　　C．下拉文本框　　D．错误设置

（10）在 Visual FoxPro 中，控件分为（　　）。

A．容器类和控件类　　　　　　B．控件类和基类

C．容器类和基类　　　　　　　D．控件类和父类

（11）表单的 Caption 属性用于（　　）。

A．指定表单执行的程序　　　　B．指定表单标题

C．指定表单是否可见　　　　　D．指定表单是否可用

（12）程序代码 ThisForm.Refresh 中的 Refresh 是表单对象的（　　）。

A．属性　　　　B．事件　　　　C．方法　　　　D．标题

做一做

1．在本实训实例 1 创建的"封面"表单基础上，添加一个图片作为背景，其他标签设置为透明显示。

提示：添加一个图片作为表单背景，设置表单的 Picture 属性，标签透明设置 BackStyle 属性。

2．创建一个含有多个标签的表单，如图 5-13 所示，字体和字号自行定义。

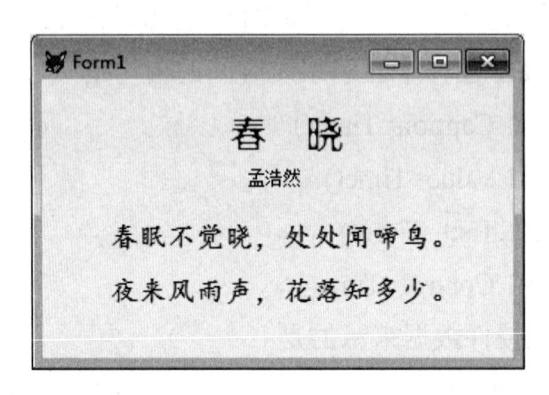

图 5-13　"春晓"表单

3．修改本实训实例 2 创建的表单，将 Label4 文本从左向右移动显示，修改 Timer 的 Click 事件代码程序，并加快或减慢移动速度。

4．修改本实训实例 4 创建的"读者管理 1"表单，将组合框修改为列表框，并设置相关属性。

5．修改本实训实例 4 创建的"读者管理 1"表单，将 Text3 改为复选框，其 ControlSource 属性设置为"读者.性别"。

6．设计一个如图 5-14 所示的表单，将"读者"表中所有记录的姓名显示在一个列表框中，而此列表框中选中的姓名将自动显示在左边的文本框中。

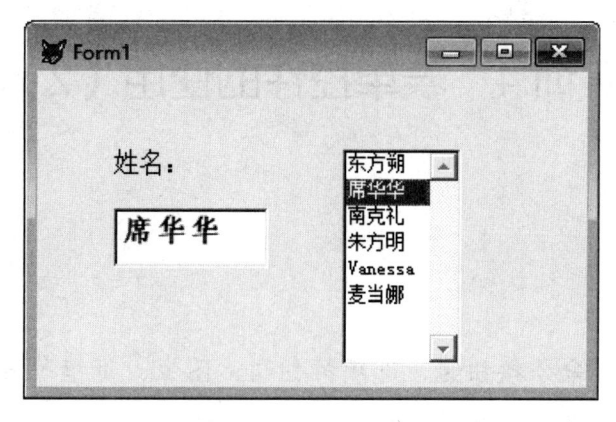

图 5-14 姓名表单

提示：

（1）分别添加一个标签、一个文本框和一个列表框。

（2）设置各控件属性：

控件名称	属性	值
Label1	Caption	姓名：
Text1	FontName	仿宋
	FontBold	.T.
	FontSize	14
List1	ControlSource	读者
	RowSourceType	6 - 字段

（3）编写 List1 控件的 InteractiveChange 事件代码：

```
ThisForm.Text1.Value=This.Value
```

7. 创建一个具有两个表格的表单。表单上半部分是一个主表格，显示"读者"表的全部记录，下半部分是一个子表格，显示主表格当前记录所对应的"借阅"表记录，运行结果如图 5-15 所示。

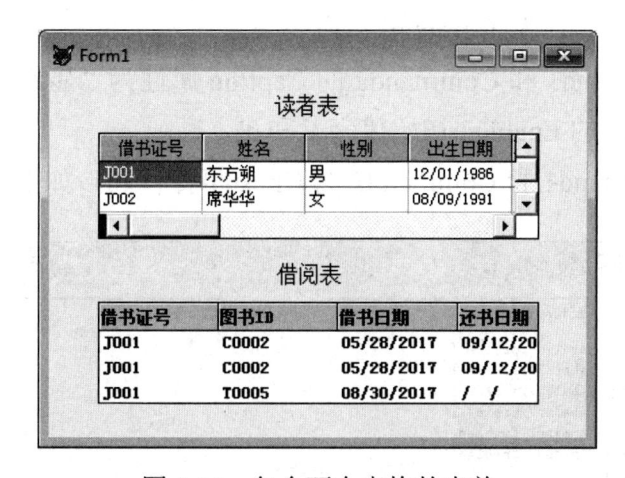

图 5-15 包含两个表格的表单

实训 4 表单控件的使用（2）

跟我做

实训要求

- 能使用命令按钮、命令按钮组、选项按钮组、图像、页框等表单控件
- 会对常用控件的简单事件编写代码

实例 1 在如图 5-8 所示的"封面"表单上添加"显示"和"隐藏"两个命令按钮，分别用于显示或隐藏该表单上的 4 个标签，并使两个命令按钮互斥，如图 5-16 所示。

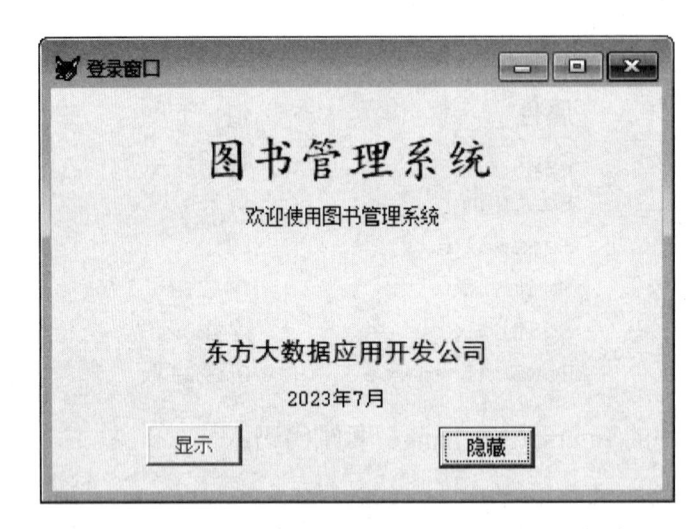

图 5-16 添加"显示"和"隐藏"按钮的表单

操作步骤：

（1）打开"封面"表单。

（2）分别添加 Command1 和 Command2 命令按钮。

（3）分别设置 Command1 和 Command2 的 Caption 属性为"显示"和"隐藏"，分别设置 Command1 和 Command2 的 Enabled 初始值为.F.和.T.。

（4）分别编写 Command1 和 Command2 的 Click 事件代码，如图 5-17 和图 5-18 所示。

```
ThisForm.Label1.Visible=.T.
ThisForm.Label2.Visible=.T.
ThisForm.Label3.Visible=.T.
ThisForm.Label4.Visible=.T.
ThisForm.Command1.Enabled=.F.
ThisForm.Command2.Enabled=.T.
```

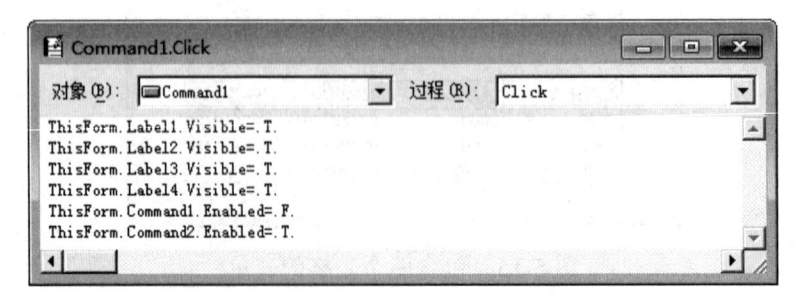

图 5-17 Command1 的 Click 事件代码

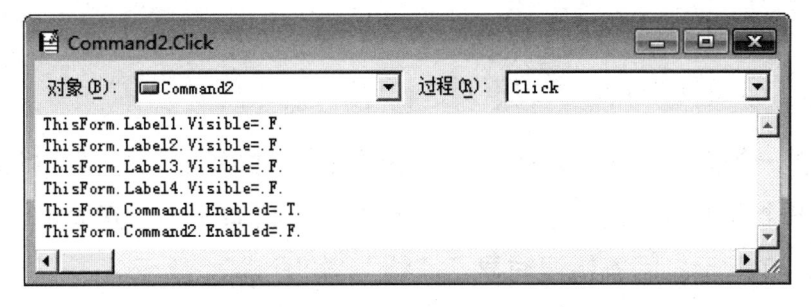

图 5-18 Command2 的 Click 事件代码

（5）以文件名"封面1"保存该表单，运行并观察结果。

实例 2　在如图 5-8 所示的"封面"表单上添加一个命令按钮组，它包含 3 个命令按钮，如图 5-19 所示。

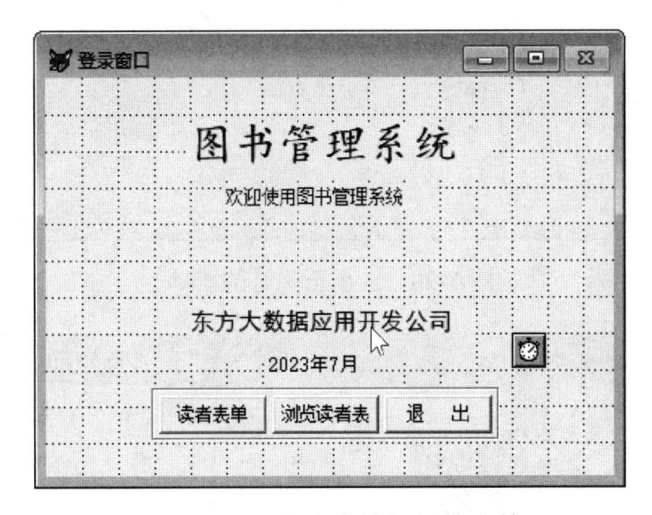

图 5-19 添加命令按钮组的表单

操作步骤：

（1）打开"封面"表单。

（2）在表单底部添加一个命令按钮组，打开命令组生成器，设置按钮数为 3，并分别给 3 个按钮设置标题"读者表单""浏览读者表"和"退出"。

（3）设置按钮布局为水平，按钮间隔为 4。

（4）在属性窗口的对象列表框中分别选定 Commandgroup1 中的 Command1、Command2 和 Command3 选项，双击相应的命令按钮，编写相应的 Click 事件代码程序。

Command1 的 Click 事件代码为：

```
DO Form e\book\读者2.scx
```

Command2 的 Click 事件代码为：

```
USE e\book\读者.dbf
BROWSE
```

Command3 的 Click 事件代码为：

```
RELEASE ThisForm
```

（5）以文件名"封面2"保存该表单，运行并观察结果。

实例3 创建一个表单，表单上有3个标签"表文件的扩展名是:""供选择的答案:"和"对"或"错"，一个选项按钮组，包含4个按钮选项，只有一个是正确的，当回答正确时显示"对"，如图5-20所示，回答错误时显示"错"，如图5-21所示。

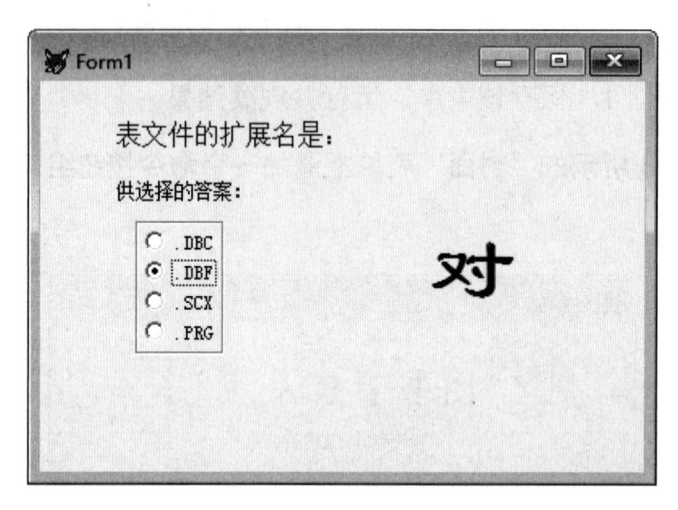

图 5-20　选项正确时的表单

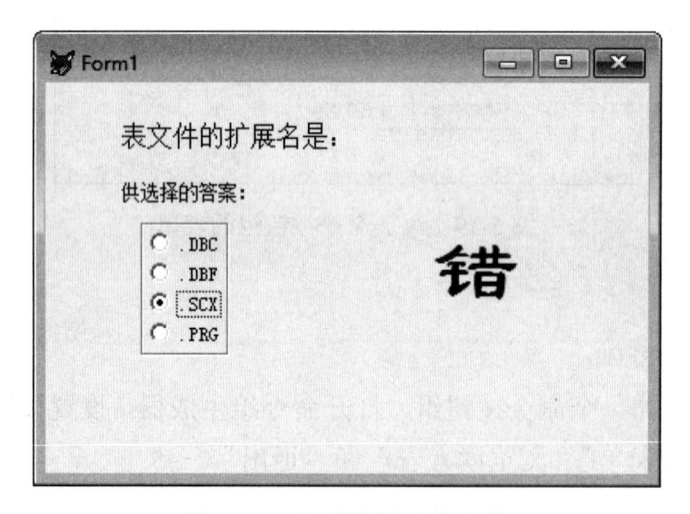

图 5-21　选项错误时的表单

操作步骤：

（1）新建表单，在表单设计器上添加3个标签Label1、Label2和Label3，其中，Label3控件（"对"或"错"）的Caption属性设置为空，FontName设置为"隶书"，FontSize设置为40。

（2）添加一个选项按钮组，打开选项组生成器，设置按钮数目为4，按钮标题分别为".DBC"".DBF"".SCX"和".PRG"。

（3）设置选项组按钮布局为垂直，间隔适中。

（4）设置Optiongroup1的Value初始值为0，其Option1、Option2、Option3和Option4的Value属性值分别为1、2、3和4。

（5）编写 Optiongroup1 控件对应的 InteractiveChange 事件代码，如图 5-22 所示。

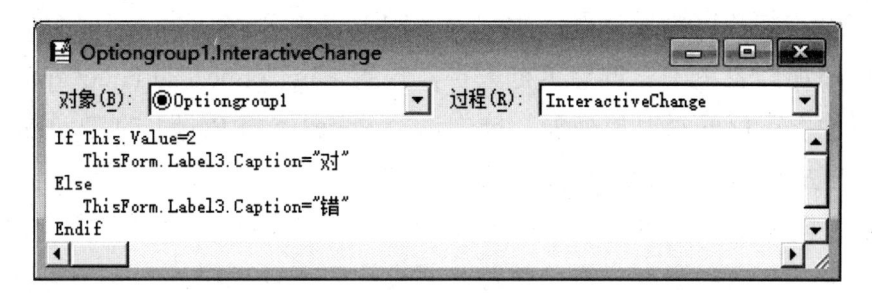

图 5-22　Optiongroup1 控件的 InteractiveChange 事件代码

（6）以文件名"选项"保存该表单，运行并观察结果。

实例 4　设计一个包含两个页面的页框表单。第 1 页以表格形式显示"读者"表的记录，第 2 页以表格形式显示"借阅"表的记录，并分别给这两个页面添加图形作为背景，如图 5-23 和图 5-24 所示。

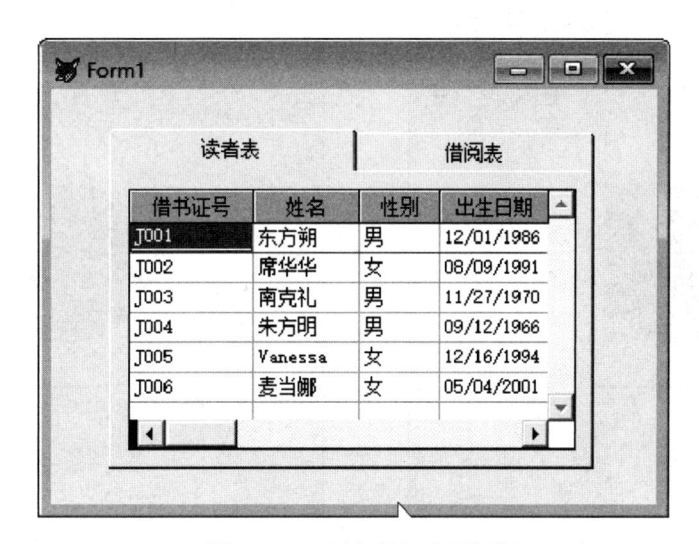

图 5-23　"读者"表页面

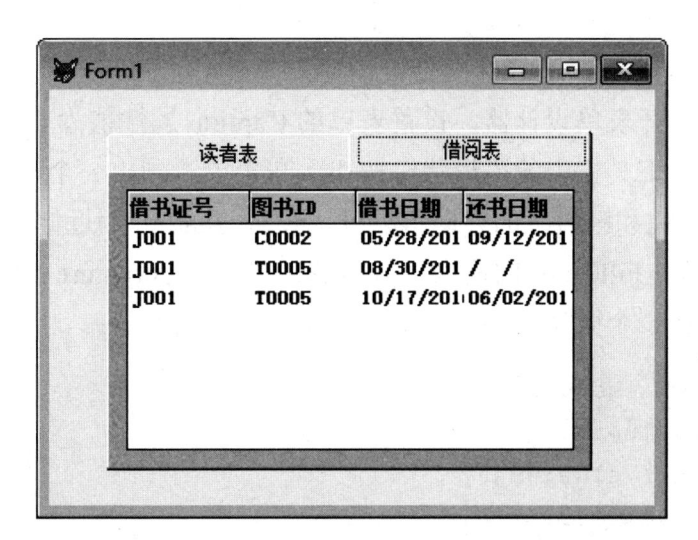

图 5-24　"借阅"表页面

操作步骤：

（1）新建表单。打开表单设计器，建立一个空白表单。

（2）将页框添加到表单中。调整页框大小，设置 Pageframe1 的 PageCount 属性值为 2。

（3）在"属性"窗口的"对象列表"框中选择 Page1，将 Page1 的 Caption 设置为"读者表"，用同样的方法将 Page2 的 Caption 设置为"借阅表"。

（4）在 Page1 页添加表格 Grid1，并打开表格生成器对话框，设置表格项、样式、布局等；用同样的方法在 Page2 页上添加表格控件等，并设置表格项、样式、布局等。

（5）分别设置 Page1 和 Page2 的 Picture 属性值，选择合适的图形文件（如.bmp 文件）作为背景。

（6）以文件名"页框"保存该表单，运行并观察结果。

实例 5 创建一个表单，表单中包含一个形状、微调控件和标签控件，通过微调控件对形状的角曲率进行调整，产生相应的图形。当角曲率为最小值（0）时如图 5-25 所示，当角曲率为最大值（99）时如图 5-26 所示。

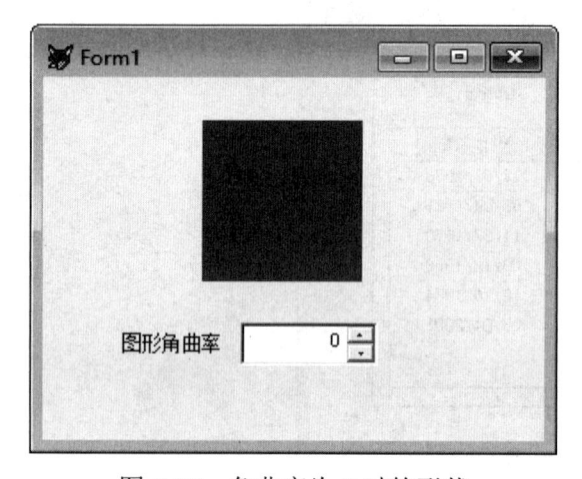

图 5-25　角曲率为 0 时的形状 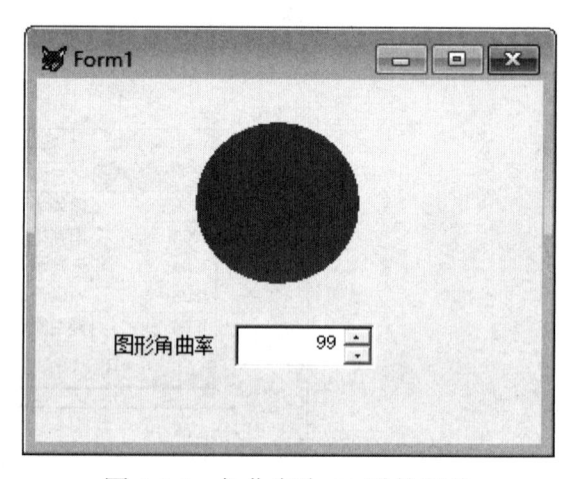　　　　　图 5-26　角曲率为 99 时的形状

操作步骤：

（1）新建表单，打开表单设计器，设置表单的 Caption 属性值为"形状"。

（2）按下表单控件工具栏中的"形状"按钮，在表单上画出一个形状 Shape1（默认为矩形）控件，按住 Shift 键和键盘上的方向移动键，设置 Shape1 为近似正方形。设置 FillStyle 属性的值为 0——实线，FillColor 的值为（0，128，128），Curvature（角曲率）默认值为 0。

（3）在表单上添加一个微调控件 Spinner1，设置其属性如下：

```
KeyboardLowValue:0
SpinnerLowValue:0
KeyboardHightValue:99
SpinnerHighValue:99
Increment:1                    &&递增(减)幅度
Value:0                        &&初始值
```

（4）在表单上添加一个标签，其 Caption 设置为"图形角曲率"。

（5）编写 Spinner1 的 InteractiveChange 事件代码：

```
Thisform.Shape1.Curvature=This.Value
```

（6）以文件名"形状"保存该表单。

运行表单时，不断增加或减小角的曲率值，观察图形的变化。

练一练

1．填空题

（1）将设计好的表单存盘后，将产生扩展名为＿＿＿＿的表单文件和扩展名为＿＿＿＿的表单备注文件。

（2）将控件与通用型字段绑定的方法是：在控件的 ControlSource 属性中指定＿＿＿＿。

（3）表单中的＿＿＿＿控件可用来创建多页面表单，该控件的＿＿＿＿属性可用来设置页面的个数。

（4）在一个表单对象中添加 Command1 和 Command2 两个按钮，单击每个按钮会完成不同的操作，则必须为这两个按钮编写的事件过程名称分别为＿＿＿＿和＿＿＿＿。

（5）如果要改变表单上表格对象中当前显示的列数，应设置表格的＿＿＿＿属性值。

（6）创建一个如图 5-27 所示的表单，该表单的功能是：若在 Text1 中输入一个除数（整数），然后单击"开始"按钮，就能求出 100～500 之间能被此除数整除的数及这些数的和，并将结果分别保存在 Edit1 和 Text2 中输出；单击"清除"按钮，则清除 Text1、Edit1 和 Text2 中的内容。

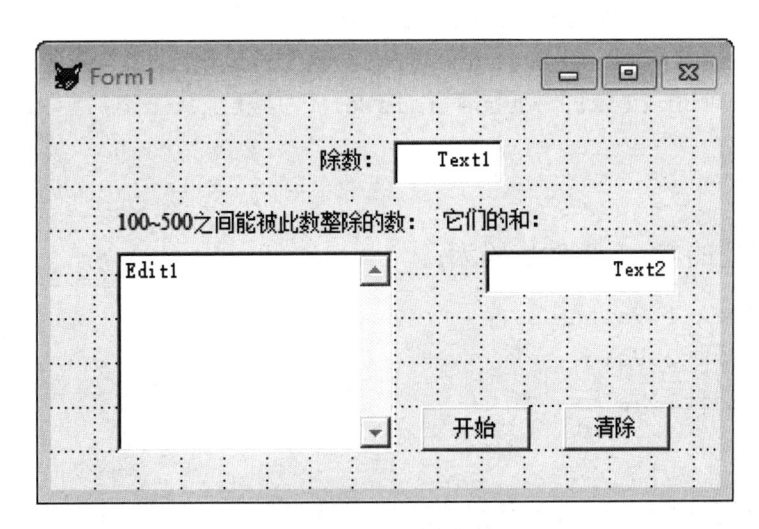

图 5-27　计算表单

例如，运行表单时输入除数 12，单击"开始"按钮，结果如图 5-28 所示。

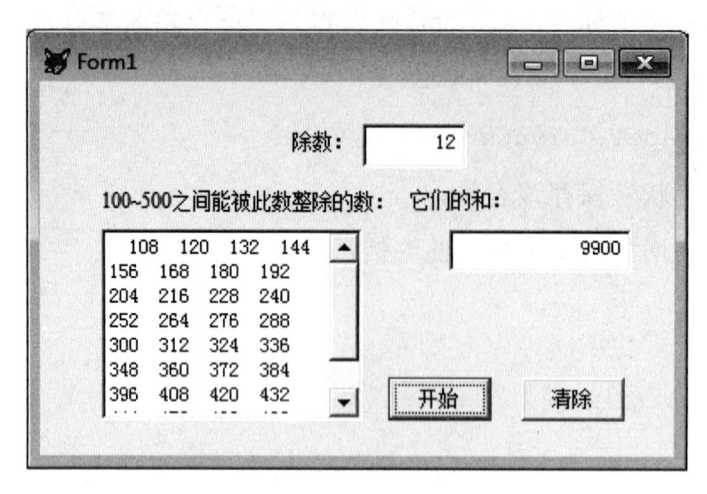

图 5-28 计算表单运行结果

操作步骤：

① 在表单上显示文本"除数："，应使用_____控件。

② 创建 Text1，应使用_____控件。

③ 创建 Edit1，应使用_____控件。

④ 创建"开始"按钮，应使用_____控件。

⑤ 将 Text1 和 Text2 的 Value 属性值分别设置为_____。

⑥ 要实现"开始"按钮的功能，应使用"开始"按钮的_____事件，并编写如下事件代码：

```
FOR I=100 TO 500
    IF MOD(I,ThisForm.Text1.Value)=0
       ThisForm.Edit1.Value=ThisForm.Edit1.Value+Str(I,5)
       ThisForm.Text2.Value=ThisForm.Text2.Value+I
    ENDIF
ENDFOR
```

⑦ "清除"按钮的 Click 事件代码为：

```
ThisForm.Text1.Value=0
ThisForm.Text2.Value=0
ThisForm.Edit1.Value=""
```

2．选择题

（1）ActiveX 绑定控件的 Strech 属性值用来设置（   ）。

    A．根据显示的内容自动调整控件的大小

    B．与表中某一通用型字段相关联

    C．ActiveX 绑定控件要显示的初始值

    D．ActiveX 对象与显示区域的大小比例

（2）在表单设计器环境中，要选定表单中某选项组里的某个选项按钮，可以（   ）。

A．双击要选择的选项按钮

B．先单击该选项组，然后单击要选择的选项按钮

C．用鼠标右键单击选项组并选择"编辑"命令，再单击要选择的选项按钮

D．以上 B 和 C 都可以

（3）下列控件中，不能设置数据源的是（   ）。

  A．复选框　　　　B．列表框　　　　C．命令按钮　　　　D．选项组

（4）下列表单及控件常用事件中，与鼠标操作有关的是（   ）。

  A．Click　　　　B．DbClick　　　　C．RightClick　　　　D．以上 3 项都是

（5）假设表单上有一选项组：●男○女，如果选择第二个按钮"女"，则该选项组 Value 属性的值为（   ）。

  A．.F.　　　　B．女　　　　C．2　　　　D．女或 2

（6）关闭表单的程序代码是 ThisForm.Release，其中，Release 是（   ）。

  A．表单对象的标题　　　　B．表单对象的属性

  C．表单对象的事件　　　　D．表单对象的方法

（7）在 Visual FoxPro 中，为了将表单从内存中释放（清除），可将表单中退出命令按钮的 Click 事件代码设置为（   ）。

  A．ThisForm.Refresh　　　　B．ThisForm.Delete

  C．ThisForm.Hide　　　　D．ThisForm.Release

（8）当用户用鼠标单击命令按钮时将引发事件（   ）。

  A．Click　　　　B．Load　　　　C．Init　　　　D．Error

（9）若要建一个有 5 个命令按钮的选项组，应将属性值改为 5 的是（   ）。

  A．OptionGroup　　　　B．ButtonCount

  C．BoundColumn　　　　D．ControlSource

（10）页框（PageFrame）能包容的对象是（   ）。

  A．页面（Page）　　　　B．列（Column）

  C．标头（Header）　　　　D．表单集（FormSet）

做一做

1．修改"读者管理"表单（见图 5-10），在表单中添加"上一条""删除""下一条"和"退出"4 个命令按钮，如图 5-29 所示，并为每个按钮编写相应的事件代码，实现相应的功能。

2．将第 1 题中的 4 个命令按钮改为用命令按钮组来实现，设置并完成相应的功能。

3．设计一个如图 5-30 所示的表单，表单上有 3 个标签，分别是"计算：24+5=？""供选答案：A．27　B．28　C．29　D．30"和"答案:"，一个选项按钮组和一个命令按钮，建立一个数据表，把题号及选择答案的序号存入数据表。

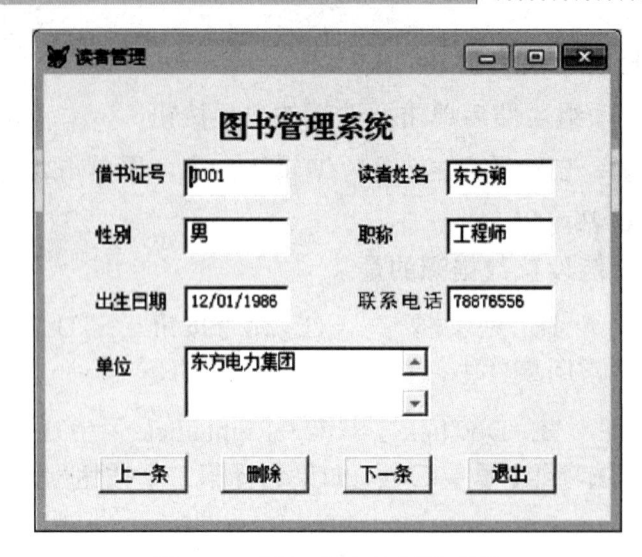

图 5-29　添加命令按钮的表单

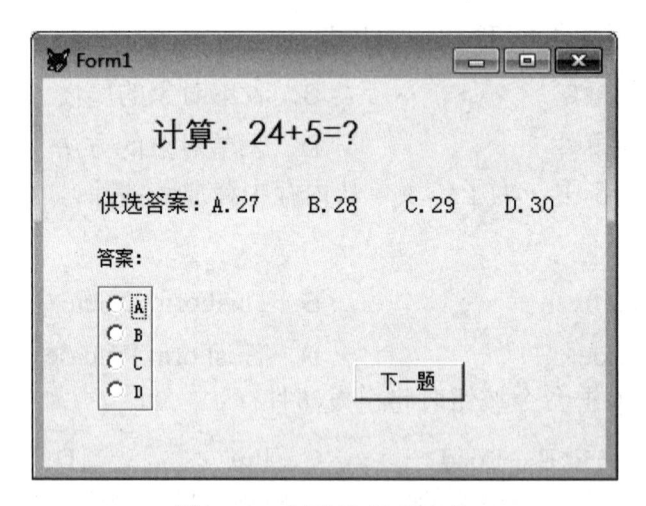

图 5-30　创建选择项表单

4. 设计一个如图 5-31 所示的表单，表单上有一个标签"春晓"和一个包含 4 个页面的页框，每个页面的内容是诗的一句，字体和字号自行设定。

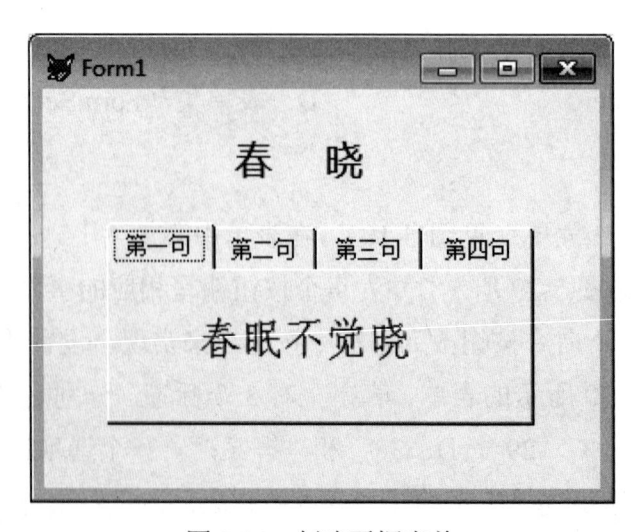

图 5-31　创建页框表单

5．使用表单设计器设计一个如图 5-32 所示的表单，其中，ActiveX 绑定控件与"图书"表中的"封面"字段相关联，编辑框控件与"备注"字段相关联，并实现按钮的功能。

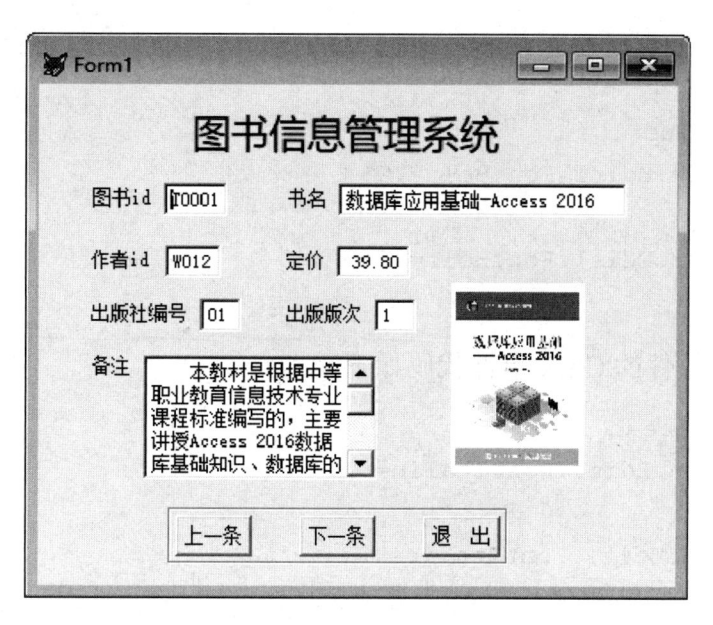

图 5-32　添加 ActiveX 绑定控件的表单

6．设计一个如图 5-33 所示的表单，表单中含有一个编辑框、一个选项按钮组和 3 个复选框。运行表单时，在编辑框中输入文字，单击单选按钮，设置文字的对齐方式；单击复选框，设置字体风格。

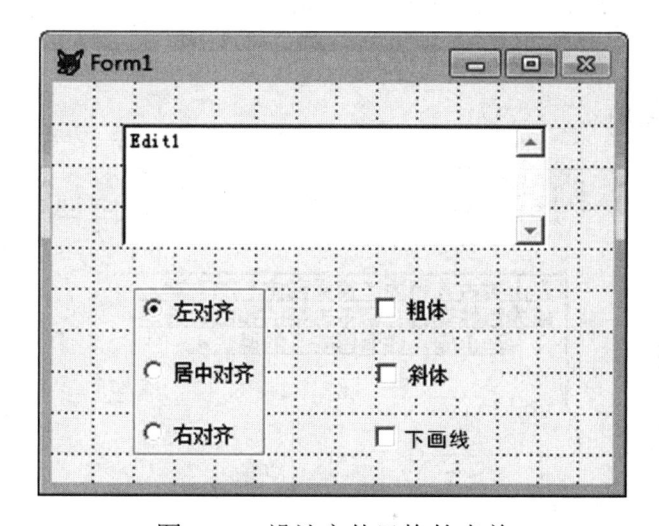

图 5-33　设计字体风格的表单

提示：

（1）在 Optiongroup1 的 Click 事件中添加以下代码：

```
DO CASE
  CASE This.Value=1
    ThisForm.Edit1.Alignment=0
  CASE This.Value=2
    ThisForm.Edit1.Alignment=2
```

```
    CASE This.Value=3
        ThisForm.Edit1.Alignment=1
ENDCASE
```

（2）Check 粗体控件的 Click 事件代码如下：

```
IF This.Value=1
    ThisForm.Edit1.FontBold=.T.
ELSE
    ThisForm.Edit1.FontBold=.F.
ENDIF
```

（3）Check 斜体控件的 Click 事件代码如下：

```
IF This.Value=1
    ThisForm.Edit1.FontItalic=.T.
ELSE
    ThisForm.Edit1.FontItalic=.F.
ENDIF
```

（4）Check 下画线控件的 Click 事件代码如下：

```
IF This.Value=1
    ThisForm.Edit1.FontUnderline=.T.
ELSE
    ThisForm.Edit1.FontUnderline=.F.
ENDIF
```

运行结果如图 5-34 所示。

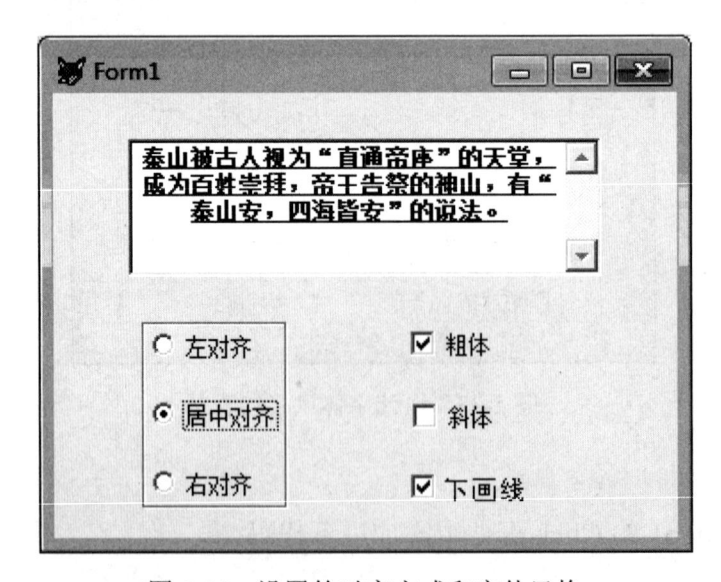

图 5-34　设置的对齐方式和字体风格

7．在表单中添加一个标签和文本框，运行表单时，在文本框中单击鼠标左键将显示系统当前日期，单击鼠标右键将显示系统当前时间，如图 5-35 所示。

图 5-35　显示当前系统日期和时间

提示：设置文本框的 Click 事件代码为：This.value=date()，RightClick 事件代码为：This.value=time()。

8．设计一个如图 5-36 所示的表单，包含一个文本框和一个命令按钮组（含 10 个命令按钮），当单击任一数字按钮时，该按钮数字就出现在文本框中。

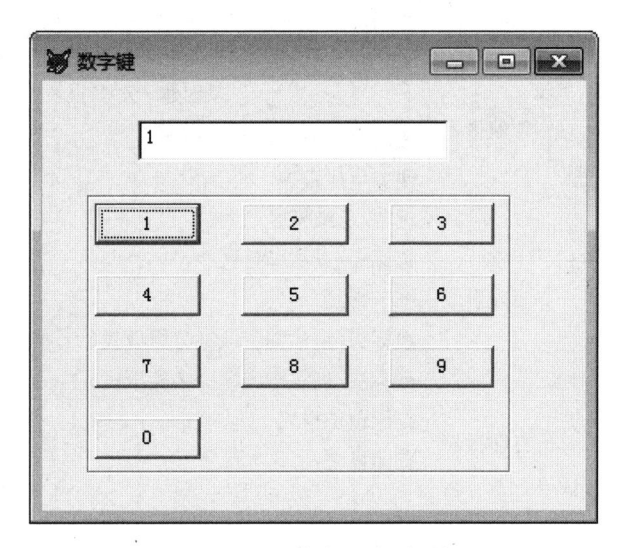

图 5-36　数字按钮表单

提示：分别设置命令按钮的 Caption 属性为 1、2、…、9、0。为每个命令按钮的 Click 事件输入下列代码：

```
ThisForm.Text1.Value = This.Caption
```

第 6 章 报表设计

6.1 知识结构图

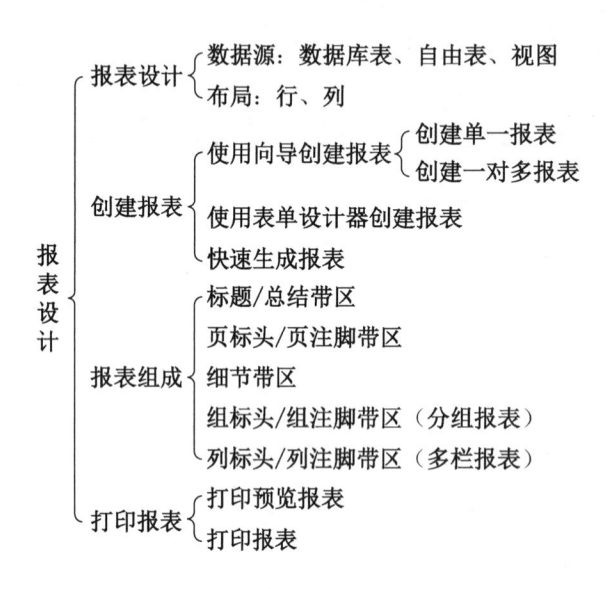

```
                    ┌─ 报表设计 ┬─ 数据源：数据库表、自由表、视图
                    │          └─ 布局：行、列
                    │
                    ├─ 创建报表 ┬─ 使用向导创建报表 ┬─ 创建单一报表
                    │          │                   └─ 创建一对多报表
   报表设计         │          ├─ 使用表单设计器创建报表
                    │          └─ 快速生成报表
                    │
                    ├─ 报表组成 ┬─ 标题/总结带区
                    │          ├─ 页标头/页注脚带区
                    │          ├─ 细节带区
                    │          ├─ 组标头/组注脚带区（分组报表）
                    │          └─ 列标头/列注脚带区（多栏报表）
                    │
                    └─ 打印报表 ┬─ 打印预览报表
                               └─ 打印报表
```

6.2 知识要点

1. 报表设计

报表设计主要包括数据源和布局两个基本部分。数据源通常是数据库表或自由表，也可以是视图或临时表；报表布局则定义了报表的格式。报表中的记录，既可以是数据表中的全部记录，也可以是数据表的部分记录；既可以是数据表的全部字段，也可以是数据表的部分字段。

2. 创建报表

创建报表文件一般经过下列基本步骤。

（1）确定要创建的报表类型。

（2）确定创建报表所需的数据源。

（3）修改和设计布局文件。

（4）预览和打印报表。

报表的总体布局大致可分为列报式、行报式、一对多报表、多栏报表、标签 5 种类型。在设计报表时，可以从这 5 种类型总体布局中找到合适的一款使用。

Visual FoxPro 6.0 提供了 3 种创建报表的方法：使用报表向导创建报表、快速报表和使用报表设计器创建报表。

报表向导提供一系列的操作步骤，提示用户指定创建报表所用的表和字段，并根据用户的要求，自动地为用户创建多种样式的报表。

快速报表可以自动为用户创建一个简单的报表布局，并不要求用户必须知道报表设计器的工作方式。在创建报表后，用户可以对它的组成部分进行修改，定制满足自己需求的报表。

快速报表只能基于单一的表或视图创建报表，而且无法建立复杂的布局，对通用型字段的内容也无法显示。

3．报表设计器

报表设计器是 Visual FoxPro 6.0 提供的一种报表设计工具，它具有更为灵活和更强大的设计功能。用户使用它不但可以从空白报表开始设计出图文并茂、美观大方的报表，还可以在报表向导和快速创建的简单报表基础上进行修改和完善。

使用报表设计器创建报表时，一般按如下步骤进行操作。

（1）打开报表设计器窗口。报表设计器窗口默认有 3 个带区：页标头、细节和页注脚。在此基础上可以进行扩展，添加标题/总结带区，当报表页面大于 1 列时，还会增加列标头和列注脚两个带区。

（2）设置报表数据源。设置报表数据源也就是设置报表数据环境。

（3）添加报表控件。在报表或控件布局中，可以添加标签、域控件、线条控件、矩形、圆角矩形和图片/ActiveX 绑定 6 种类型的控件。

（4）进行数据分组。对记录进行分组，便于阅读报表，如果数据源是表，记录的顺序可能不适合分组，则必须对数据表进行适当的排序。通过给表设置索引，或者在数据环境中使用视图作为数据源，对数据记录进行重新排列，然后才能在报表中应用数据分组。

（5）设置报表页面，主要包括以下几个方面。

- 设置页面边界和纸张尺寸与方向。
- 定义多列报表。
- 定义页面标头和注脚。
- 定义细节带区。
- 添加标题区和总结区。

（6）报表布局调整。主要包括调整报表布局中控件的大小、位置，调整各控件之间的对齐方式等。

4．打印报表

打印报表前一般要进行报表打印设置，主要包括选择打印机、运行要打印的报表文件、设置打印记录的范围和条件等，然后再进行打印预览，确认无误后打印。

实训1　使用向导创建报表

跟我做

实训要求

- 能使用报表向导创建单个表的报表
- 能使用报表向导创建多个表的报表

实例 1　使用报表向导创建一个基于"读者"表的报表，如图 6-1 所示，报表中包含"读者"表中的全部字段，要求按"性别"字段分组，并按"性别"进行细节总结。

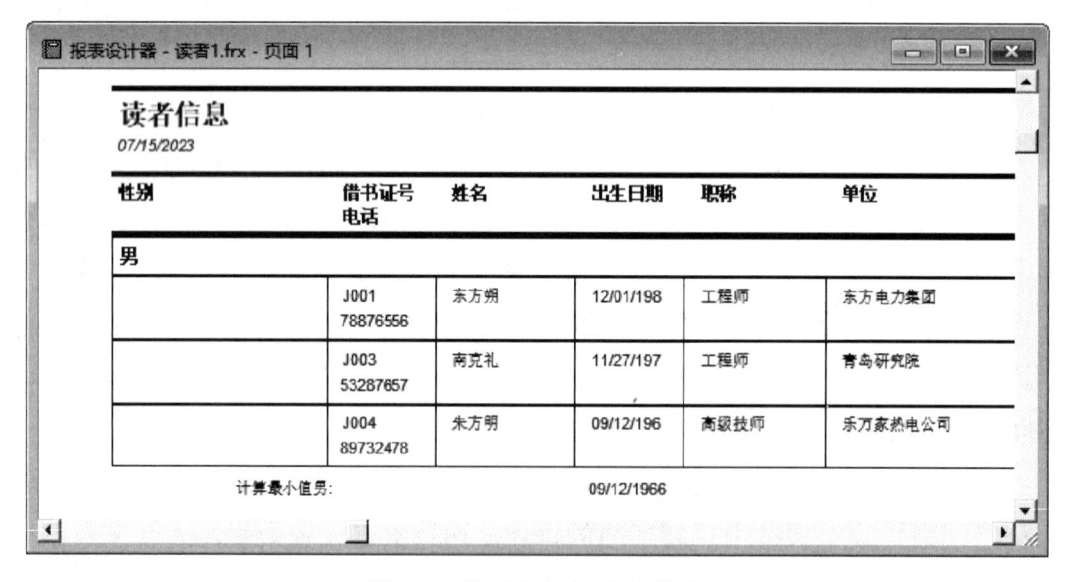

图 6-1　使用向导创建的报表

操作步骤：

（1）打开"图书管理"项目文件，利用报表向导创建报表。在"向导选取"对话框中选择"报表向导"选项。

（2）选取"读者"表中的全部字段。

（3）按"性别"分组记录。

（4）在"选项总结"对话框中，按"出生日期"字段计算最小值。

（5）选择报表样式为"账务式"。

（6）定义报表布局为列布局，方向选择"纵向"。

（7）排序记录为按"借书证号"升序排序。

（8）输入报表标题"读者信息"，然后预览创建的报表，并以文件名"读者 1.frx"保存该报表。

想一想

如果选取"带区式"报表样式，结果会如何？

实例 2 使用报表向导创建一个一对多报表，如图 6-2 所示。父表为"读者"表，选取"借书证号"和"姓名"两个字段，子表为"借阅"表，选取全部字段。

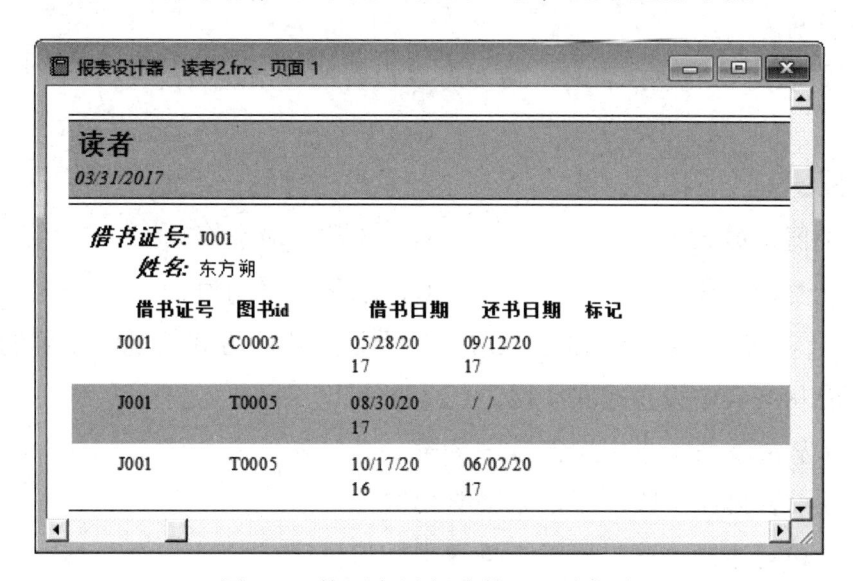

图 6-2 使用向导创建的一对多报表

操作步骤：

（1）打开"向导选取"对话框，选择"一对多报表向导"，选择父表——"读者"表，并选取"借书证号"和"姓名"两个字段。

（2）从子表——"借阅"表中选取全部字段。

（3）以"借书证号"字段为关键字，确立"读者"表和"借阅"表的关系。

（4）按"借书证号"字段升序排序输出。

（5）选择"带区式"报表样式。

（6）定义报表布局"横向"输出。

（7）预览创建的报表，并以文件名"读者 2.frx"保存该报表。

想一想

在使用报表向导创建报表时，如果要将多个（至少 3 个）具有关联关系的表的字段值创建在一个报表中，应如何操作？

练一练

1. 填空题

（1）创建报表使用的数据源是_____、_____或_____。

（2）报表的总体布局可以分为_____、_____、_____、_____和标签 5 种类型。

（3）使用报表向导创建报表时，报表向导提供的报表样式有_____、_____、_____、_____和_____ 5 种。

2. 选择题

（1）在使用报表向导创建报表时，最多可以设置的分组层数是（　　）。

  A．2   B．3   C．4   D．5

（2）在使用报表向导创建报表时，下列不是总结选项的一组是（　　）。

  A．最小值、最大值   B．计数、最小值

  C．标准差、求和   D．求和、平均值

（3）在使用报表向导创建一对多报表时，关于设置排序方式的说法正确的是（　　）。

  A．只能从父表中设置排序字段

  B．可以从父表或子表中设置排序字段

  C．必须设置排序字段，否则无法继续进行

  D．只能设置字段排序，不能设置索引标识排序

（4）报表的数据源可以是（　　）。

  A．表或视图   B．表或查询

  C．表、查询或视图   D．表或其他报表

（5）Visual FoxPro 的报表文件.frx 中保存的是（　　）。

  A．打印报表的预览格式 B．打印报表本身

  C．报表的格式和数据   D．报表设计格式的定义

做一做

1．以"图书"表为基表，使用报表向导创建一个报表，要求按"版次"字段进行分组，并分别计算单价的最大值、最小值和平均值。

2．先创建一个基于"图书"表和"借阅"表（"图书 ID"为关键字段）的视图，再以该视图为数据源，利用报表向导创建报表。

3．以"图书"表为父表，"借阅"表为子表，利用报表向导创建一个一对多报表。

4．将本实训实例 2 修改为以"借阅"表为父表，"读者"表为子表，使用一对多报表向导创建报表。

5．利用报表向导创建一个报表，报表数据取自"图书"表、"读者"表和"借阅"表。

提示：先将其中的两个表建立视图，再使该视图与第 3 个表建立一个新的视图，最后以新建的视图为数据源创建报表。

实训 2　使用报表设计器创建报表

跟我做

实训要求
- 能快速创建简单的报表
- 能使用报表设计器创建较复杂的报表

实例 1　预览实训 1 的实例 1 中使用报表向导创建的"读者 1.frx"报表，再使用报表设计器打开该报表文件，观察报表各控件布局结构。

操作步骤：

（1）预览报表文件"读者 1.frx"，结果如图 6-1 所示。

（2）启动报表设计器，报表布局如图 6-3 所示。

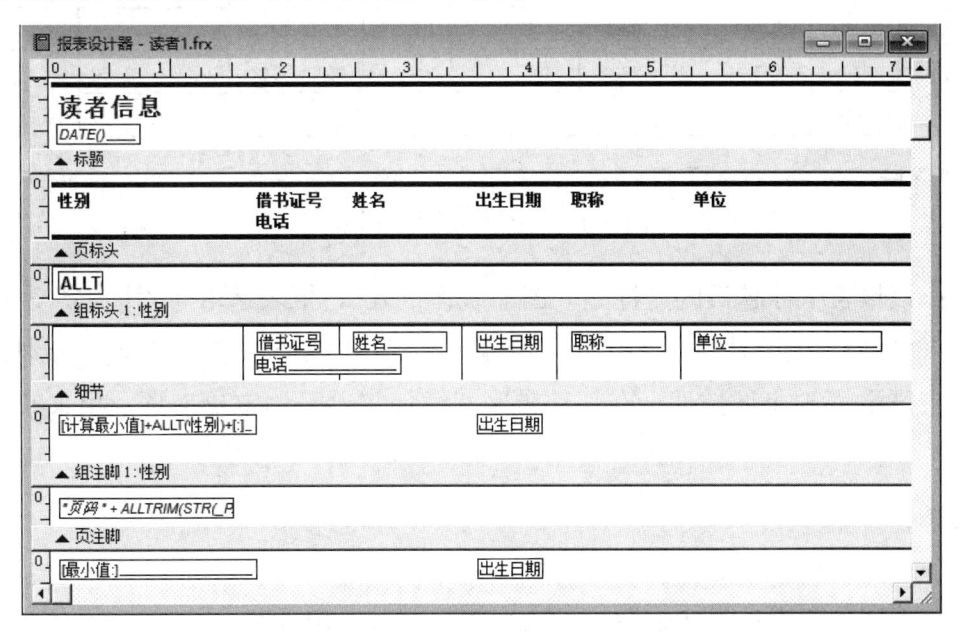

图 6-3　"读者 1"报表文件结构布局

想一想

对照预览结果和报表设计器窗口中的报表布局，进行对比分析。

（1）该报表设计所使用的带区，各带区所包含的内容。

（2）标题带区中日期函数的表达式。

（3）ALLTRIM()函数的含义。

（4）[计算最小值]+ALLT（性别）+[:]的含义及输出格式。

（5）总结、组注脚 1 和细节带区中的“出生日期”域控件所完成的计算有何区别？

提示：在报表设计器窗口中用鼠标右键单击要查看的对象，再选择快捷菜单中的“属性”选项，在弹出的“报表表达式”对话框中进行分析。

熟悉报表设计器窗口的布局及含义，就可以使用报表设计器设计报表了。

实例 2　使用报表设计器创建一个基于“图书”表的统计报表，如图 6-4 所示。

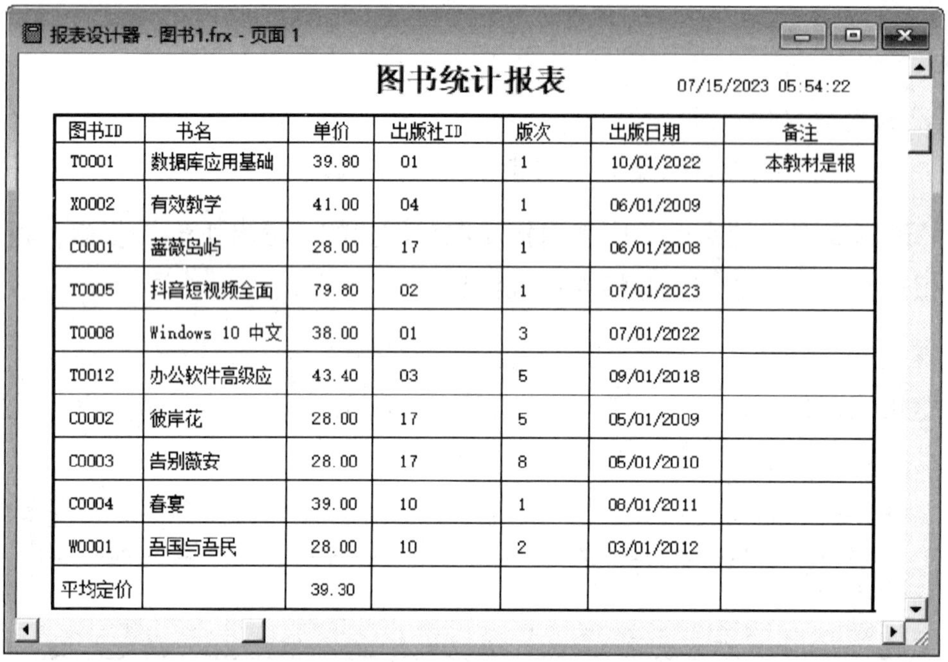

图书ID	书名	单价	出版社ID	版次	出版日期	备注
T0001	数据库应用基础	39.80	01	1	10/01/2022	本教材是根
X0002	有效教学	41.00	04	1	06/01/2009	
C0001	蔷薇岛屿	28.00	17	1	06/01/2008	
T0005	抖音短视频全面	79.80	02	1	07/01/2023	
T0008	Windows 10 中文	38.00	01	3	07/01/2022	
T0012	办公软件高级应	43.40	03	5	09/01/2018	
C0002	彼岸花	28.00	17	5	05/01/2009	
C0003	告别薇安	28.00	17	8	05/01/2010	
C0004	春宴	39.00	10	1	08/01/2011	
W0001	吾国与吾民	28.00	10	2	03/01/2012	
平均定价		39.30				

图 6-4　“图书 1”统计报表

分析：在该报表中标题带区为标签“图书统计报表”，报表选取了“图书”表中的“图书 ID”“书名”“单价”“出版社 ID”“版次”“出版日期”和“备注”7 个字段，分别设置页标头及对应细节带区中的 6 个域控件。在总结带区栏添加了“平均定价”项，用来统计图书的平均定价。

操作步骤：

（1）新建报表。启动报表设计器，打开一个空白报表。

（2）在报表设计器窗口中添加“标题带区”和“总结带区”。

（3）打开“报表控件”工具栏，选中标签控件，将光标定位在标题带区，输入“图书统计报表”，同时用“格式”菜单中的“字体”进行修饰，选取 3 号黑体字。在页标头带区分别添加标签控件“图书 ID”“书名”“单价”“出版社 ID”“版次”“出版日期”和“备注”，调整好各控件的间距，使同一带区各控件对齐、上下不同带区各控件对齐；再用线条控件添加表格线，选取“格式”菜单栏“绘图笔”中的 2 磅粗线。

为了设置各控件的对齐方式，除了选择“格式”菜单中的“对齐”选项外，在调整过程中还可以通过预览方式查看各控件的位置，通过键盘方向键进行微调。

（4）打开数据环境设计器，添加"图书"表。从"报表控件"工具栏中插入"域控件"，在打开的"报表表达式"对话框的"字段"列表框中，列出了已添加到数据环境中的"图书"表的各个字段，分别选取其中的"图书ID""书名""单价""出版社ID""版次""出版日期"和"备注"字段。添加表格线，调整各控件的间距，使同一带区各控件对齐、上下不同带区各控件对齐。

（5）在总结带区添加"平均定价"标签控件；添加"单价"域控件，在"计算字段"对话框中选择"平均值"选项。

（6）对报表进行整体修饰。表格外边框用2磅线，其他部分用1磅线，再分别添加日期时间DATETIME()域控件。

（7）报表设计结果如图6-5所示，以文件名"图书1.frx"保存该报表布局。

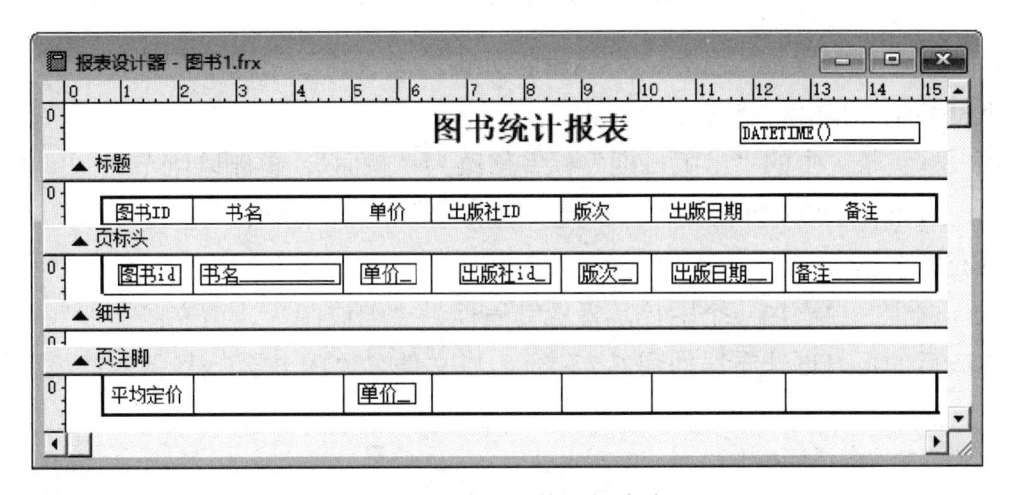

图6-5 "图书1"统计报表布局

预览上述设计的报表，观察运行结果。

想一想

（1）在添加字段域控件时，除了使用"报表控件"工具栏外，如何从数据环境设计器中直接添加？

（2）如何设置报表域控件的输出格式？

实例3 从上述设计的报表中可以看出，备注型字段内容没有全部显示出来，而是隐藏了一部分。修改该报表文件，显示全部备注内容，并在标题带区添加一个图标，修改后的结果如图6-6所示。

操作步骤：

（1）在报表设计器窗口打开实例2创建的"图书1"报表文件。

（2）调整细节带区的宽度，将表格中各栏竖线加长，横线下移。移动表格线时，选中竖线，鼠标指针指向竖线下面控点，向下拖动鼠标，使竖线加长至适中。

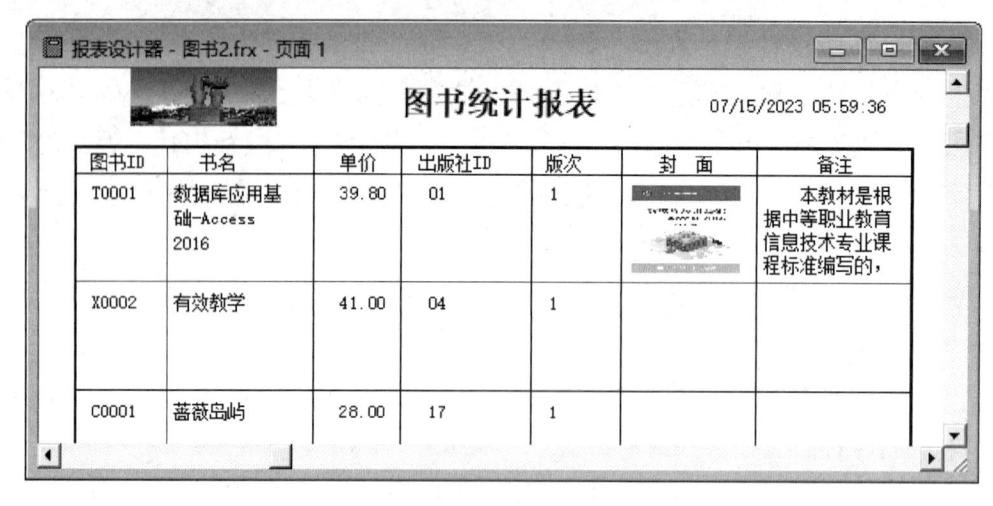

图 6-6 修改后的图书统计报表

（3）将"备注"字段拖成几行。将鼠标指针指向"备注"字段下边中部控点，按住左键不放，向下拖动鼠标指针，这里拖动 4 行。

（4）将页标头带区中的"出版日期"标签修改为"封面"，再删除细节带区中的"出版日期"域控件，添加 ActiveX 绑定控件，绑定"图书"表中的"封面"字段，其属性设置为"缩放图片，填充图文框"。

（5）在标题带区中添加一个图片，设置其属性为"缩放图片，填充图文框"。

（6）修改后的报表设计布局如图 6-7 所示，以文件名"图书 2.frx"保存该报表。

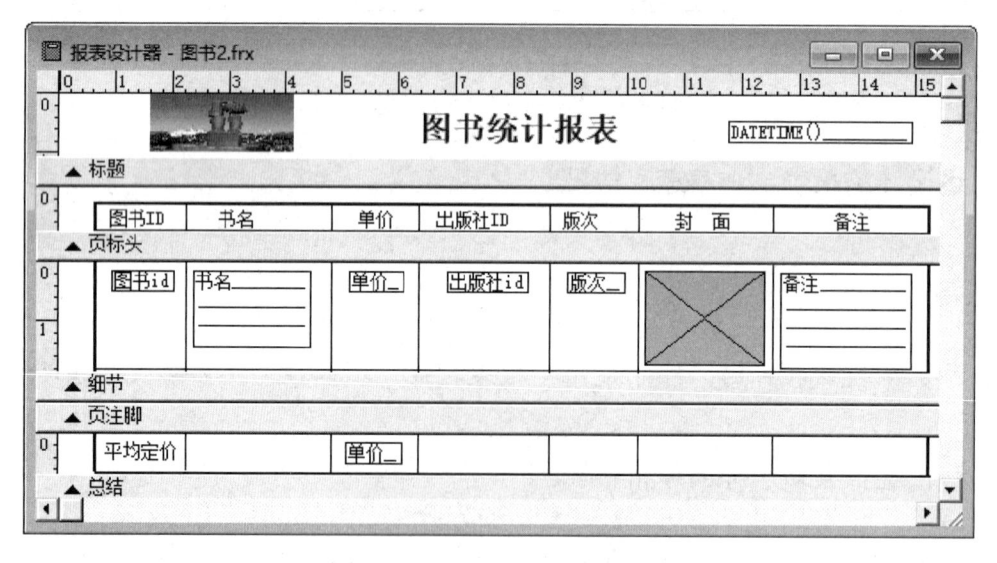

图 6-7 "图书 2"报表布局

想一想

（1）设计报表时，如何选择并同时移动多个控件？

（2）如何手动调整控件大小和移动其位置？

（3）设置报表控件有哪几种对齐方式？

实例 4 创建一个"出版社"表，表记录如图 6-8 所示，并与"图书"表按"出版社 ID"

字段建立一对多关联，再修改实例 3 创建的"图书 2"报表，按"出版社 ID"分组，修改后的报表如图 6-9 所示。

图 6-8　"出版社"表记录

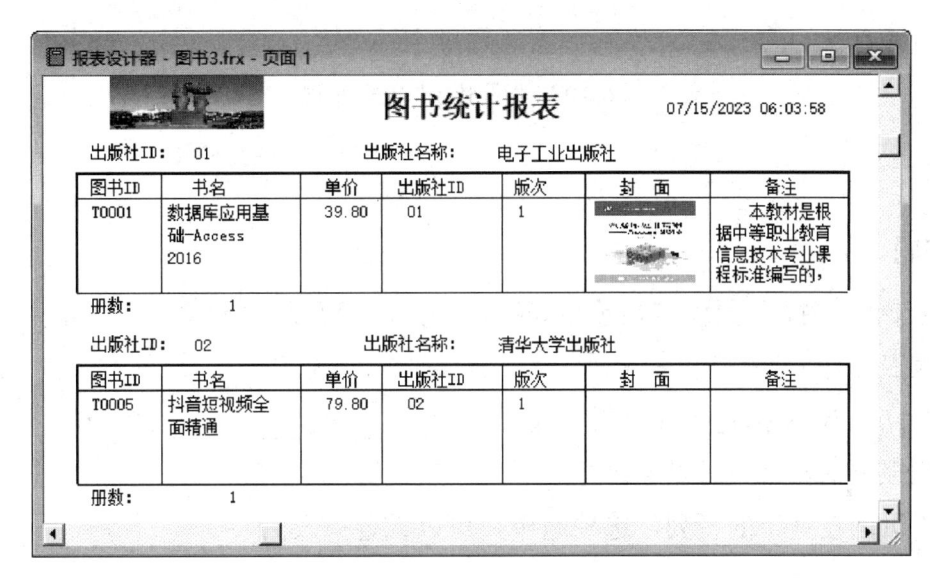

图 6-9　"图书 3"报表

操作步骤：

（1）在报表设计器窗口中打开"图书 2"报表。

（2）打开数据环境设计器，添加"出版社"表，并使"出版社"表和"图书"表以"出版社 ID"字段建立一对多关联。

（3）单击"报表"菜单中的"数据分组"，按"出版社.出版社 ID"进行分组，分组表达式为"出版社 ID"。

（4）将页标头中的标签及线条控件移到组标头带区中，然后添加"出版社 ID："和"出版社名称："标签控件及其对应的域控件"出版社.出版社 ID"和"出版社.出版社名称"。

（5）在组注脚带区中添加"册数："标签控件、域控件"图书.出版社 ID"，在"计算字段"对话框中设置"计数"。

修改后的报表布局如图 6-10 所示，以文件名"图书 3.frx"保存该报表。

对比图 6-7 与图 6-10，会发现两个报表布局的不同之处。

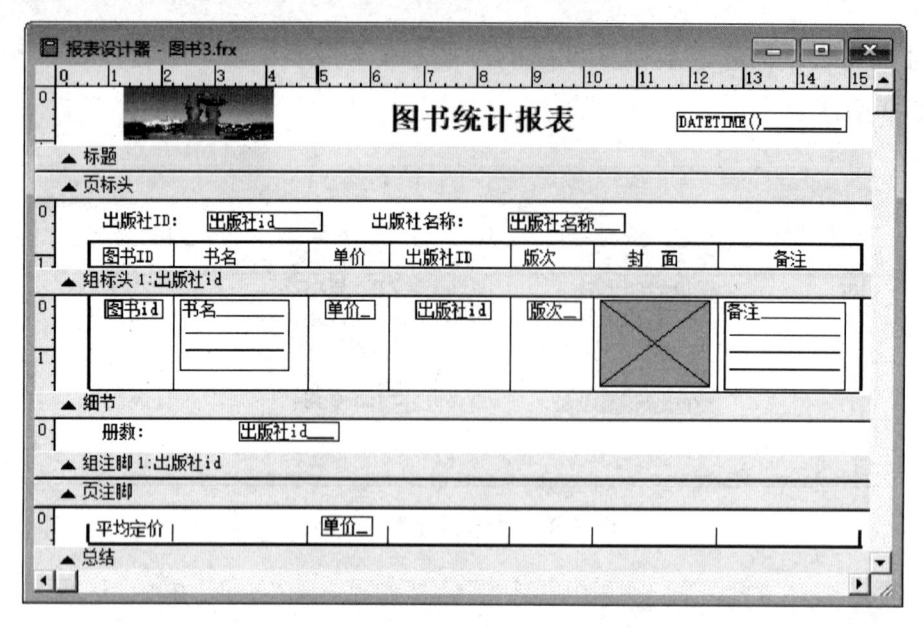

图 6-10 "图书 3"报表布局

练一练

1. 填空题

（1）在设计报表时，如果没有显示报表控件工具栏，可以选择"显示"菜单中的_____选项，启动报表控件工具栏。

（2）"图片/ActiveX 绑定控件"用于显示_____或_____的内容。

（3）多栏报表的栏目数可以通过_____来设置。

（4）在"页面设置"的"列"选项组中，可以设置报表的_____、_____和_____。

（5）在设置报表添加域控件时，可以从_____添加，也可以从_____添加。

2. 选择题

（1）在整个报表布局中，只打印一次的是（　　）。

　　A．标题　　　　　B．页标头　　　　C．列标头　　　　D．组标头

（2）要设置控件的前景色和背景色，可以使用（　　）。

　　A．报表控件工具栏　　　　　　B．布局工具栏

　　C．调色板工具栏　　　　　　　D．报表预览工具栏

（3）在"报表表达式"对话框中可以设置（　　）。

　　A．格式、域控件位置、标题　　　B．格式、域控件位置、表达式

　　C．表达式、域控件位置、组标头　D．域控件位置、备注、列标头

（4）在快速报表中，系统默认的基本带区有（　　）。

　　A．页标头和页注脚带区

B．页标头、细节和页注脚带区

C．标题、细节和总结带区

D．标题、页标头、细节、页注脚和总结带区

（5）下列关于报表的说法中，正确的是（　　）。

A．报表必须有别名　　　　　B．报表的数据源不可以是视图

C．报表的数据源不可以是临时表　D．可以不设置报表的数据源

（6）下列关于创建报表的方法中，错误的是（　　）。

A．使用报表设计器可以创建自定义报表

B．使用报表向导可以创建报表

C．使用快速报表可以创建简单规范的报表

D．利用报表向导创建的报表是快速报表

（7）有报表文件 PP1，在报表设计器中修改该报表文件的命令是（　　）。

A．CREATE REPORT PP1　　　B．MODIFY REPORT PP1

C．CREATE PP1　　　　　　　D．MODIFY PP1

（8）分组报表设计中，数据分组的依据是（　　）。

A．排序　　　B．数据表　　　C．分组表达式　　D．以上都不是

（9）Visual FoxPro 提供的各种设计器中，可以用来定义表单或报表中使用的数据源的是（　　）。

A．表单设计器　　　　　　　B．报表设计器

C．数据环境设计器　　　　　D．数据库设计器

（10）为了在报表中打印当前时间，这时应该插入一个（　　）。

A．表达式控件　B．域控件　C．标签控件　D．文本控件

（11）下列关于报表带区及其作用的叙述，错误的是（　　）。

A．对于"标题"带区，系统只在报表开始时打印一次该带区所包含的内容

B．对于"页标头"带区，系统只打印一次该带区所包含的内容

C．对于"细节"带区，每条记录的内容只打印一次

D．对于"组标头"带区，系统将在数据分组时每组打印一次该内容

（12）调用报表格式文件 PP1，预览报表的命令是（　　）。

A．REPORT FROM PP1 PREVIEW

B．DO FROM PP1 PREVIEW

C．REPORT FORM PP1 PREVIEW

D．DO FORM PP1 PREVIEW

做一做

1．使用快速报表，创建一个基于"图书"表的报表，选择"行布局"方式。

2．先将"出版社"表和"图书"表按"出版社 ID"建立关联，创建一个视图，如图 6-11 所示，再利用该视图设计一个布局如图 6-12 所示的报表，结果如图 6-13 所示。

图 6-11 "TS5"视图

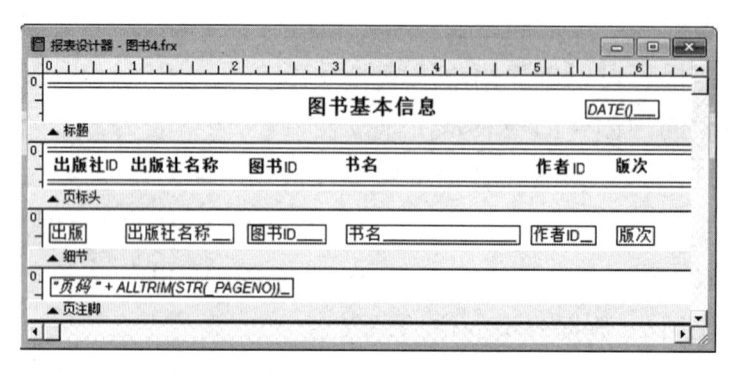

图 6-12 以视图为数据源设计的报表布局

图 6-13 以视图为数据源设计的报表

3．使用报表设计器创建一个报表布局如图 6-14 所示的报表，报表中的数据来自"读者"表，结果如图 6-15 所示。

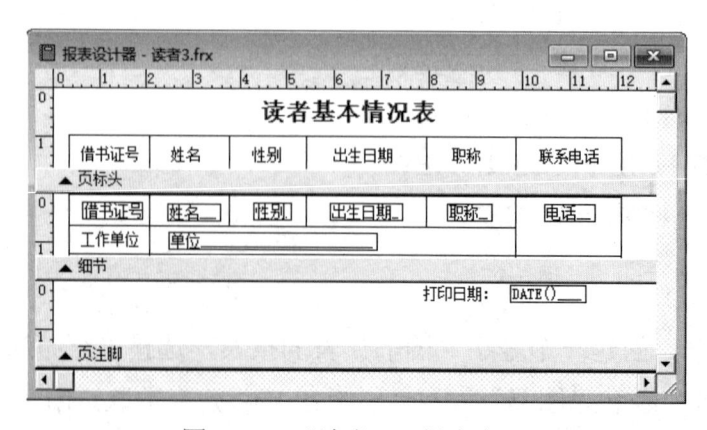

图 6-14 "读者 3"报表布局

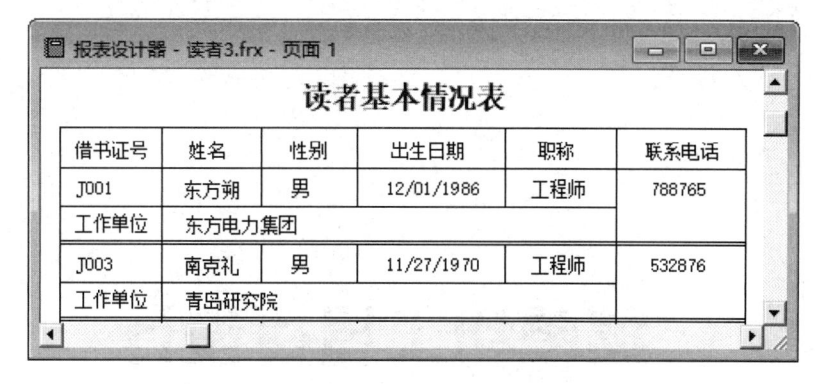

图 6-15 "读者 3"报表结果

4. 使用报表设计器设计一个布局如图 6-16 所示的报表,其中报表细节中的"借书证号"和"姓名"域控件取自"读者"表,"图书 ID""出版社 ID""版次"和"书名"取自"图书"表,"借书日期"和"还书日期"取自"借阅"表,预览结果如图 6-17 所示。

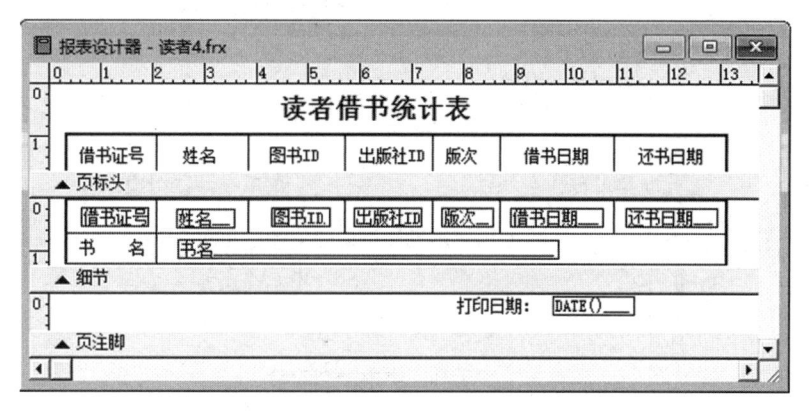

图 6-16 读者借书统计报表布局

图 6-17 读者借书统计报表预览结果

提示:该报表的数据源为"借阅"表、"图书"表和"读者"表,将"借阅"表和"图书"表按"图书 ID"字段建立连接,将"读者"表和"借阅"表按"借书证号"字段建立连接。

第 7 章

菜单和工具栏设计

7.1 知识结构图

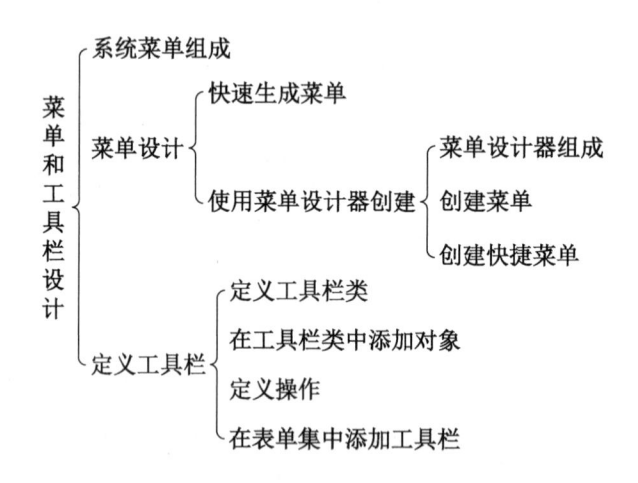

```
                  ┌─ 系统菜单组成
                  │
                  │           ┌─ 快速生成菜单
                  │  菜单设计 ┤
菜单              │           │                    ┌─ 菜单设计器组成
和   ─────────────┤           └─ 使用菜单设计器创建┤─ 创建菜单
工具栏            │                                └─ 创建快捷菜单
设计              │
                  │           ┌─ 定义工具栏类
                  │           │
                  └─ 定义工具栏┤─ 在工具栏类中添加对象
                              │─ 定义操作
                              └─ 在表单集中添加工具栏
```

7.2 知 识 要 点

1. 系统菜单组成

Visual FoxPro 6.0 支持的菜单有条式菜单和弹出式菜单，除了条式菜单和弹出式菜单外，还有一种叫下拉式的菜单，它是由条式菜单和弹出式菜单组合而成的。Visual FoxPro 6.0 的菜单系统是一个条式菜单，由菜单、菜单栏标题及菜单项组合而成，一般包括"文件""编辑""显示""工具""程序""窗口"和"帮助"菜单。每个菜单选项都有自己内部的名字，该名字可以直接被调用。表 7-1 列出了"编辑"菜单项及其内部名字。

表 7-1 "编辑"菜单项及其内部名字

"编辑"菜单项	内 部 名 字	"编辑"菜单项	内 部 名 字
撤销（\<U）	_med_undo	\-	_med_sp300
重做（\<D）	_med_redo	查找（\<F）...	_med_find

续表

"编辑"菜单项	内 部 名 字	"编辑"菜单项	内 部 名 字
\-	_med_sp100	再次查找（\<G）	_med_finda
剪切（\<T）	_med_cut	替换（\<E）...	_med_repl
复制（\<C）	_med_copy	\-	_med_sp400
粘贴（\<P）	_med_paste	插入对象（\<I）...	_med_insob
选择性粘贴（\<S）...	_med_pstlk	对象（\<O）...	_med_obj
清除（\<A）	_med_clear	链接（\<K）...	_med_link
\-	_med_sp200	\-	_med_sp500
全部选定（\<L）	_med_slcta	属性（\<R）...	_med_pref

用户在设计菜单时可以直接调用系统菜单项的内部名字，也可以使用 SET SYSMENU 命令配置系统菜单。在设计应用程序菜单时，需要确定都有哪些菜单、在界面的哪个位置，以及菜单项包含的子菜单等。

2．快速生成菜单

快速生成菜单是系统提供的快速建立简单菜单的一种方法。它将 Visual FoxPro 6.0 系统菜单自动添加到菜单设计器中，生成用户菜单。该菜单提供了 Visual FoxPro 6.0 系统菜单的常用功能和标题，用户可以在此基础上进行调整和修改，生成自己的菜单。

3．使用菜单设计器设计菜单

使用菜单设计器设计菜单时，一般的操作步骤为：① 创建主菜单；② 创建菜单项；③ 定义菜单项功能；④ 定义快捷键；⑤ 添加系统菜单项；⑥ 完成菜单初始化。

利用菜单设计器可以创建一个新菜单，也可以修改由快速菜单生成的菜单。

用命令方式创建菜单：

```
CREATE MENU [<菜单文件名> | ?]
```

生成菜单程序是将通过菜单设计器设计好的菜单生成两个文件，一个是扩展名为.mnx 的文件，是菜单的可执行文件；另一个是扩展名为.mpr 的文件，它包含生成菜单的菜单程序，可将此程序加入应用程序中。

用命令方式运行菜单程序：

```
DO 菜单文件名.mpr
```

4．定义快捷菜单

Visual FoxPro 6.0 系统提供了大量的快捷菜单，在控件和对象上单击鼠标右键时，就会显示快捷方式菜单，快速地展示当前对象可用的所有功能。使用"快捷菜单设计器"创建快捷菜单的方法与创建菜单的方法完全相同。在创建快捷菜单时，可将 Visual FoxPro 6.0 系统菜单的某些菜单项添加到用户自己设计的菜单中，然后在某个对象的 RightClick 事件代码中添加调用对应菜单程序的命令。例如，可创建包含"剪切""复制"和"粘贴"命令的快捷菜单，当用户在某对象上单击鼠标右键时，将出现该快捷方式菜单。

5．定义工具栏

在应用程序中用户经常重复执行某些任务，可以自定义工具栏，简化操作。

1）定义工具栏类

Visual FoxPro 6.0 系统提供了一个工具栏基类，在此基础上，用户可以创建所需要的类。

在定义了工具栏类以后，可向工具栏类中添加对象，并为自定义工具栏定义属性、事件和方法程序，最后将工具栏添加到表单集中。

2）在工具栏类中添加对象

在自定义工具栏类中添加对象，只要是 Visual FoxPro 6.0 支持的对象即可。具体操作是：先打开一个类库，其中包含要添加对象的自定义工具栏类，打开这个类，然后从表单控件工具栏上选择所要添加的对象，将对象放置在自定义工具栏上，同时调整自定义工具栏对象的大小、位置等。也可以在"属性"窗口中设置工具栏的属性。

3）定义操作

创建工具栏后，必须定义与工具栏及其对象相关的操作。定义时选定操作对象，在其"属性"窗口中选择"方法程序"选项卡，编辑相应的事件，编写对应的代码，指定具体的操作。

4）在表单集中添加工具栏

在定义一个工具栏后，便可以用这个类创建一个工具栏。用户可以在表单集中添加工具栏，让工具栏与表单集中的各个表单一起打开，但不能直接在某个表单中添加工具栏。

在创建工具栏后，必须使菜单命令与对应的工具栏按钮同步工作。例如，如果启动了某个工具栏按钮，则必须同时启动对应的菜单命令。在设计与创建应用程序时要注意无论使用工具栏按钮，还是使用与按钮相关的菜单项，都执行同样的操作；相关的工具栏按钮与菜单项具有相同的属性。

实训 1　创 建 菜 单

跟我做

实训要求

- 能创建菜单及子菜单
- 会给菜单指定操作任务
- 能快速创建菜单
- 会使用菜单设计器设计菜单

实例 1 使用 SET SYSMENU TO 命令配置系统菜单。

在命令窗口分别输入命令，并观察菜单的变化：

```
SET SYSMENU TO _msm_file                 &&显示"文件"菜单项
SET SYSMENU TO DEFAULT                   &&恢复系统菜单
SET SYSMENU TO _msm_file,_msm_view       &&显示"文件"和"显示"菜单项
SET SYSMENU TO DEFAULT
```

实例 2 使用表单设计器设计一个表单菜单，如图 7-1 所示。设计的表单中有 4 个命令按钮，单击每个命令按钮显示孟浩然"春晓"诗中的一句，其背景用一幅图片作衬托。

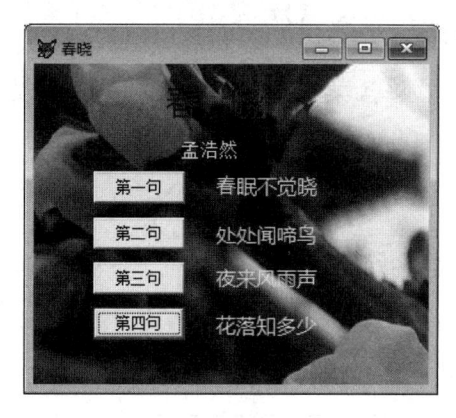

图 7-1　表单菜单

操作步骤：

（1）打开表单设计器，创建一个表单。

（2）设置表单 Form1 的 Caption 属性值为"春晓"，Picture 属性值为"d:\图片\春.jpg"（假定在 d:\图片\目录下有"春.jpg"图形文件，用作背景）。

（3）添加标签控件 Label1 和 Label2，其 Caption 属性值分别设置为"春晓"和"孟浩然"，字体、字号适中，BackStyle 属性值设置为 0（透明显示）。

（4）添加 4 个命令按钮控件，其 Caption 属性分别设置为"第一句""第二句""第三句"和"第四句"。

（5）在 4 个命令按钮控件的右侧分别创建 4 个标签控件 Label3、Label4、Label5 和 Label6，BackStyle 属性值为 0（透明显示），Caption 属性值为空，大小应能容纳一句诗。

（6）设置命令按钮的 Click 代码。"第一句"（Command1）按钮的 Click 代码如图 7-2 所示。

图 7-2　Command1.Click 代码

"第二句"（Command2）按钮的 Click 代码：

　　ThisForm.Label4.Caption= "处处闻啼鸟"

"第三句"（Command3）按钮的 Click 代码：

　　ThisForm.Label5.Caption= "夜来风雨声"

"第四句"（Command4）按钮的 Click 代码：

　　ThisForm.Label6.Caption= "花落知多少"

（7）调整表单各控件的布局，设置字体大小和颜色。

这样，通过表单设计器就实现了菜单的设计。

实例 3　创建快速菜单，了解各菜单项所完成的功能，以及完成这些功能所对应的操作命令和快捷键。

操作步骤：

（1）在项目管理器的"其他"选项卡中，选择"菜单"选项，新建菜单。

（2）在菜单设计器窗口下，单击"菜单"中的"快速菜单"命令，系统自动创建一个包含系统菜单项的快速菜单，如图 7-3 所示。

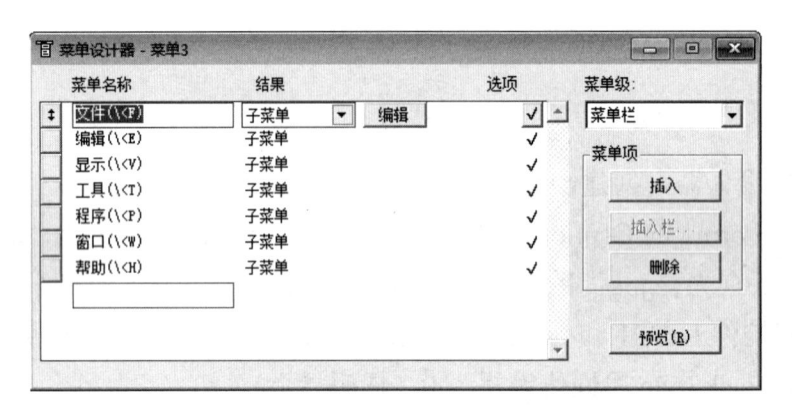

图 7-3　快速菜单各选项

（3）选择某一菜单选项，如"窗口"菜单项，单击"编辑"按钮，显示该菜单项所对应的内部名字，如图 7-4 所示。用户应记住一些常用的菜单项命令。

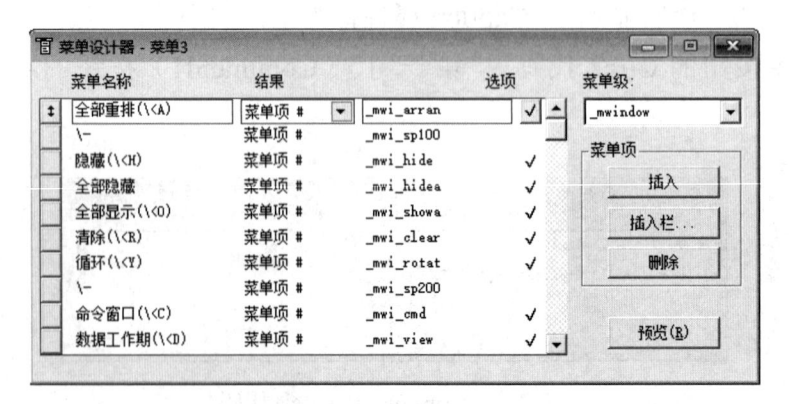

图 7-4　"窗口"菜单项对应的内部名字

（4）在菜单项的"选项"栏标有"√"标记，表示该菜单包含快捷方式。单击"√"按钮，打开"提示选项"对话框，可以查看或定义快捷方式。例如，"命令窗口"菜单对应的快捷方式为 Ctrl+F2 组合键，如图 7-5 所示。

图 7-5 "命令窗口"菜单对应的快捷方式

（5）保存所创建的快速菜单。

想一想

浏览快捷菜单，查看各菜单项的内容和系统主菜单各项内容是否一样。

实例 4 使用菜单设计器设计一个包含各菜单项的菜单，如表 7-2 所示。

表 7-2 主菜单及各菜单项

菜 单 栏	菜 单 项	子 菜 单
文件	新建、打开、关闭	
编辑	图书表、读者表	
运行	查询、表单、报表	
工具	工具栏	系统工具栏
	向导	报表、表单、查询
退出	退出	

操作步骤：

（1）设计菜单栏。新建菜单，在菜单设计器窗口的"菜单名称"栏中分别输入主菜单中的各菜单标题——文件、编辑、运行、工具和退出，并分别给这 5 个菜单标题加上访问键字母 F、E、R、T 和 Q，如图 7-6 所示。

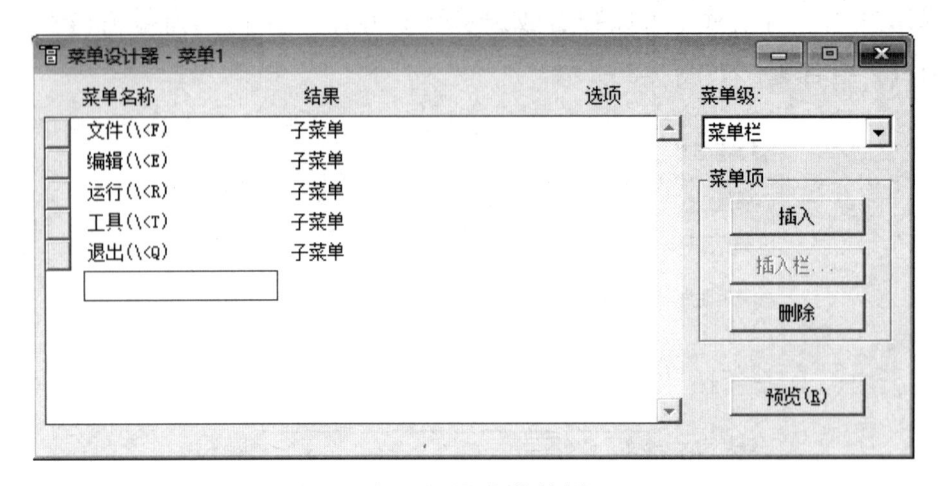

图 7-6 设计菜单栏

（2）设计菜单项。

在"文件"菜单中创建 3 个菜单项：新建、打开和关闭。

在"编辑"菜单中创建 2 个菜单项：图书表和读者表。

在"运行"菜单中创建 3 个菜单项：查询、表单和报表。

在"工具"菜单中创建 2 个菜单项：工具栏和向导。

在"退出"菜单中创建 1 个菜单项：退出。

（3）定义菜单项功能。

"文件"菜单的 3 个菜单项"新建""打开"和"关闭"，定义的操作分别是系统内部名字 _mfi_new、_mfi_open 和 _mfi_close，或通过单击"插入栏"按钮，添加系统菜单项来完成该项功能，如图 7-7 所示。

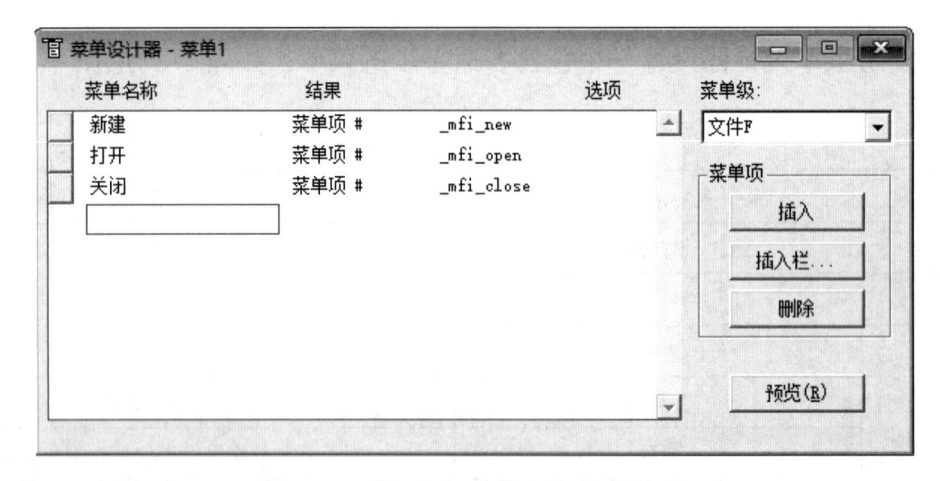

图 7-7 "文件"菜单包含的菜单项

"编辑"菜单的 2 个菜单项分别为"图书表"和"读者表"，其中"图书表"菜单项对应的过程代码如图 7-8 所示。

图 7-8 "图书表"菜单项对应的过程代码

"读者表"菜单项对应的过程代码如下：

```
USE 读者
EDIT
USE
```

"运行"菜单的 3 个菜单项"查询""表单"和"报表"，对应的命令分别是：

```
DO  JY4.qpr
DO  FORM  读者1.scx
REPORT  FORM  读者1.frx
```

结果如图 7-9 所示。

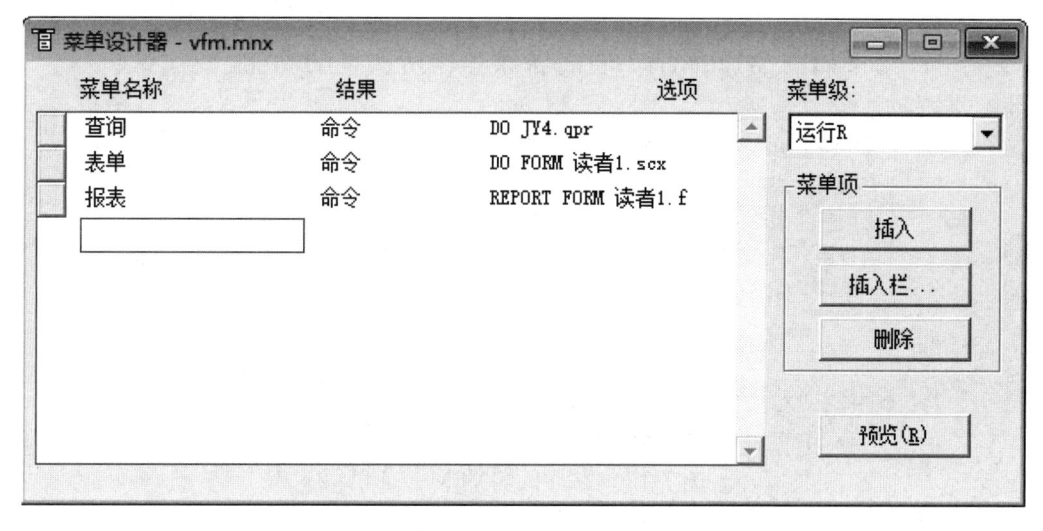

图 7-9 "查询""表单"和"报表"菜单项对应的操作命令

"工具"菜单的 2 个菜单项分别为"工具栏"和"向导"，其中"工具栏"菜单项可以用添加系统菜单栏的方法来添加，它包含系统工具栏中的全部工具。在"向导"菜单项中分别添加 3 级菜单，如图 7-10 所示。

"退出"菜单表示当应用程序结束时需要释放菜单。"退出"菜单的过程代码如图 7-11 所示。

（4）给各个菜单项定义快捷键。

（5）以文件名"VFM.mnx"保存该菜单。

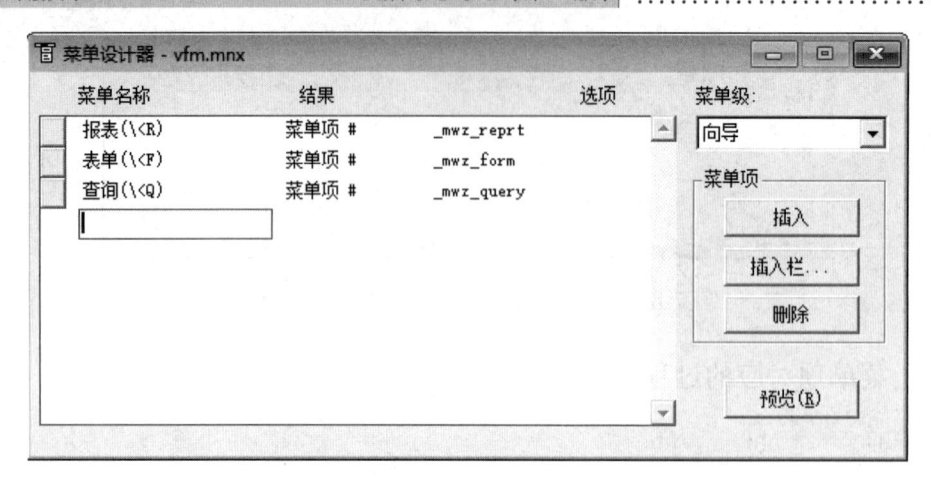

图 7-10 "向导"菜单项包含的菜单

图 7-11 "退出"菜单的过程代码

运行该菜单，结果如图 7-12 所示，查看各菜单项所实现的功能。

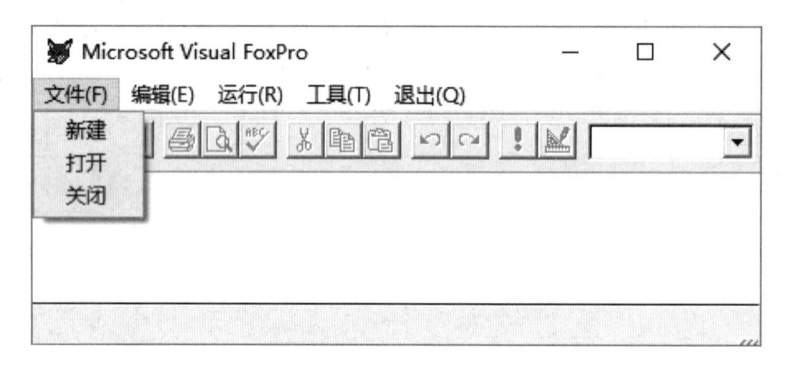

图 7-12 设计的"VFM"菜单

练一练

1. 填空题

（1）Visual FoxPro 6.0 系统"窗口"菜单的内部名字是_____，"帮助"菜单的内部名字是_____。

（2）Visual FoxPro 6.0 中"编辑"菜单项中"剪切"菜单的内部名字是_____，"复制"菜单的内部名字是_____，"粘贴"菜单的内部名字是_____，"撤销"菜单的内部名字是_____。

（3）菜单设计器窗口中的_____组合框可用于上、下级菜单之间的切换。

（4）在利用菜单设计器设计菜单时，当某菜单项对应的任务需要用多条命令来完成时，应利用_____选项来添加多条命令。

（5）在菜单设计器窗口中，要为某个菜单项定义快捷键，可利用_____对话框。

（6）在调用"菜单设计器"后，"显示"菜单中会出现两条与菜单设计有关的命令，分别是_____和_____。

2．选择题

（1）假设已经生成了名为"mymenu"的菜单文件，执行该菜单文件的命令是（   ）。

    A．DO mymenu   B．DO mymenu.mpr

    C．DO MENU mymenu   D．DO mymenu.mnx

（2）在 Visual FoxPro 6.0 中，使用"菜单设计器"定义菜单，最后生成的菜单程序的扩展名是（   ）。

    A．.mnx   B．.prg   C．.mpr   D．.mnt

（3）在定义菜单标题，设置菜单项访问键时，需在访问键代表字母前加字符（   ）。

    A．>\   B．\>   C．<\   D．\<

（4）Visual FoxPro 的系统菜单中，主菜单是一个（   ）。

    A．条式菜单   B．弹出式菜单   C．下拉式菜单   D．组合菜单

（5）执行 SET SYSMENU TO 命令后（   ）。

    A．将当前菜单设置为默认菜单

    B．将屏蔽系统菜单，使菜单不可用

    C．将系统菜单恢复为默认的配置

    D．将默认配置恢复成 Visual FoxPro 系统菜单的标准配置

（6）若当前定义的是菜单栏，则"菜单设计器"窗口的"结果"下拉列表框中出现的是（   ）。

    A．命令、过程、子菜单和菜单项 4 个选项

    B．命令、过程、子菜单和填充名称 4 个选项

    C．命令、子菜单、填充名称和菜单项 4 个选项

    D．过程、子菜单、填充名称和菜单项 4 个选项

（7）以下是与设置系统菜单有关的命令，其中错误的是（   ）。

    A．SET SYSMENU DEFAULT   B．SET SYSMENU TO DEFAULT

    C．SET SYSMENU NOSAVE   D．SET SYSMENU SAVE

做一做

1．生成一个快速菜单，然后对快速菜单进行修改，使该菜单中只含有"文件""编辑"和"程序"3 个菜单项及其子菜单。

2．使用菜单设计器创建一个菜单，各菜单项及实现的功能如表 7-3 所示，并给部分菜单项定义快捷键。

表 7-3 各菜单项及实现的功能

菜 单 栏	菜 单 项	功 能
文件（\<F）	打开	打开或另保存文件，关闭文件
	另存为	
	关闭	
编辑（\<E）	图书表	修改表结构
	读者表	
	借阅表	
浏览（\<B）	读者表	浏览表记录
	借阅表	
窗口（\<W）	隐藏	对窗口中的内容进行相应的操作
	清除	
	循环	
程序（\<P）	报表	运行相应的文件
	标签	
	表单	
退出（\<Q）	退出	退出菜单

实训 2　创建快捷菜单和工具栏

跟我做

实训要求

- 会创建快捷菜单和应用快捷菜单
- 能定制工具栏
- 会定义工具栏类
- 能在表单集中添加自定义工具栏
- 会使用菜单设计器设计菜单

实例 1　设计一个包含"新建""打开"和"关闭"功能的快捷菜单。

操作步骤：

（1）在项目管理器窗口的"其他"选项卡中，打开"快捷菜单设计器"窗口，新建一个快捷菜单。

(2)在"快捷菜单设计器"窗口中,添加"新建""打开"和"关闭"3个菜单项,并分别指派所实现的功能。

由于系统菜单项中包含上述3个菜单项,因此,可以利用插入系统菜单项的方法来添加。添加后的结果如图7-13所示。

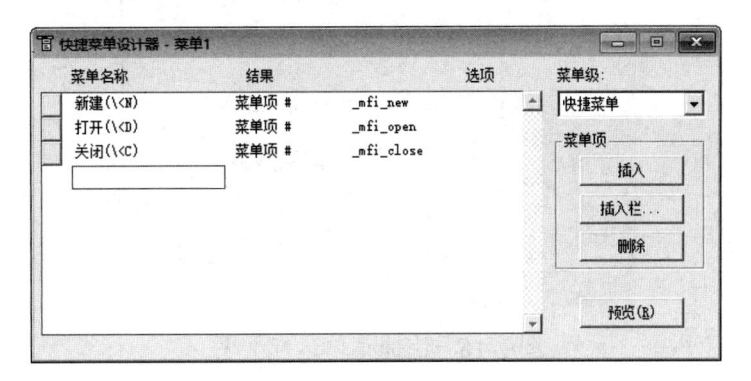

图7-13 添加的菜单项

(3)保存新创建的快捷菜单,文件名为"KJ1.mnx"。

(4)运行该快捷菜单,观察运行结果。

实例2 将上述定义的快捷菜单"KJ1",设置为"读者管理"表单的快捷菜单。

操作步骤:

(1)在"表单设计器"窗口中打开"读者管理"表单文件,如图7-14所示。

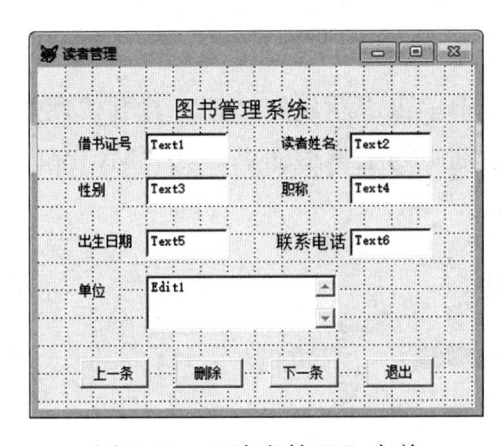

图7-14 "读者管理"表单

(2)编写该表单的RightClick过程代码,如图7-15所示,将快捷菜单"KJ1"设置为该表单的快捷菜单。

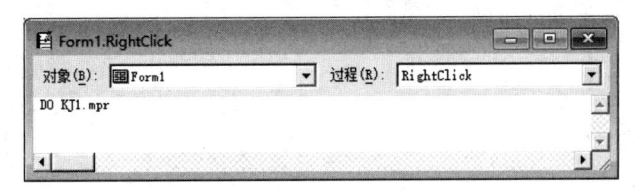

图7-15 RightClick过程代码

（3）保存并运行该表单，右击表单任意位置，出现快捷菜单，结果如图 7-16 所示。

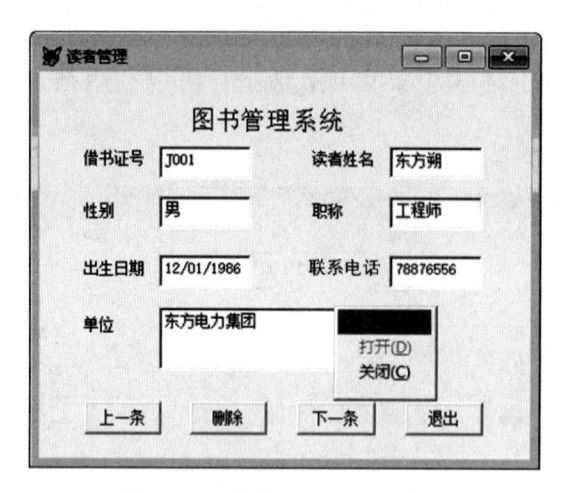

图 7-16 快捷菜单运行结果

实例 3 设计一个如图 7-17 所示的工具栏。

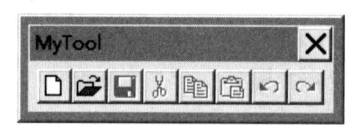

图 7-17 "MyTool"工具栏

操作步骤：

（1）在项目管理器窗口中，单击"显示"菜单中的"工具栏"选项，打开"工具栏"对话框。

（2）在"工具栏"对话框中单击"新建"按钮，打开"新工具栏"对话框。

（3）在"新工具栏"对话框中为工具栏命名，如"MyTool"，确认后打开"定制工具栏"对话框，如图 7-18 所示。

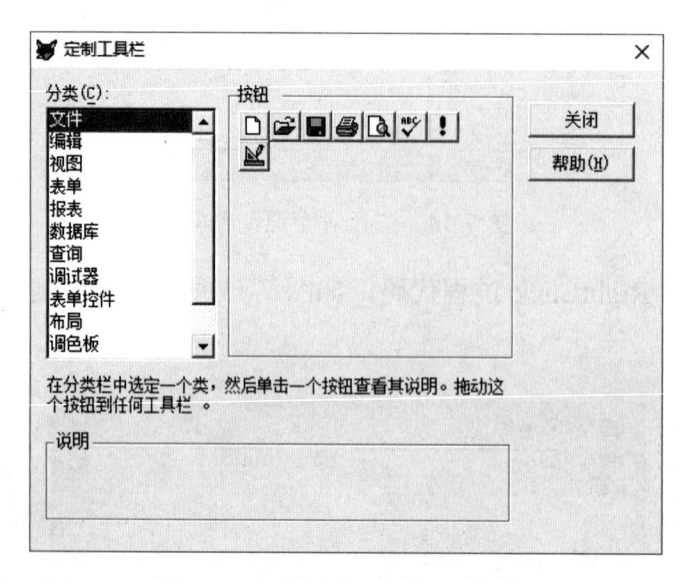

图 7-18 "定制工具栏"对话框

（4）选择"定制工具栏"对话框中的一个分类，然后从"按钮"栏中拖动一个按钮到新建的工具栏"MyTool"上。例如，依次拖动"文件"按钮框中的▢、▢和▢按钮，"编辑"按钮框中的▢、▢、▢、▢和▢按钮到"MyTool"工具栏中，如图 7-17 所示。

（5）关闭"定制工具栏"对话框，完成新建工具栏操作。

通过"显示"菜单中的"工具栏"选项，在"工具栏"对话框中可以观察到新建的"MyTool"工具栏。用户可以随时使用新创建的工具栏，实现相应的操作。

想一想

如何删除自己创建的工具栏？

实例 4 定义一个工具栏类，包含"新建""保存""上一条""下一条""最后一条""第一条""升序""降序"和"帮助"按钮，如图 7-19 所示。

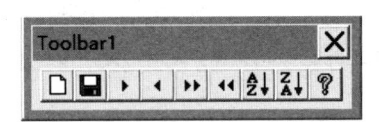

图 7-19 自定义的工具栏类

操作步骤：

（1）在项目管理器窗口中选择"类"选项卡，新建一个类，类名为"NewTool"，派生于"Toolbar"，存储于"myclass.vcx"中。

（2）在"类设计器"窗口中，打开"表单控件"工具栏，在工具栏类上添加控件对象，例如，分别添加 9 个命令按钮，如图 7-20 所示。

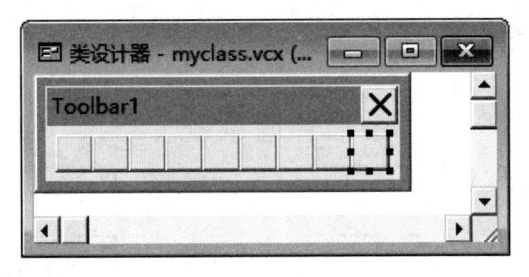

图 7-20 在 Toolbar 上添加的命令按钮

（3）设置控件对象属性。打开"属性-myclass.vcx（newtool）"对话框，设置各命令按钮的 Caption 属性或 Picture 属性。例如，设置第一个命令按钮的 Picture 属性，在命令按钮上显示一个"新建"位图，该位图的位置在"vfp 6.0\vfp98\wizards\graphics\new.bmp"。

（4）重复上述操作步骤，设置其他按钮的 Picture 属性，如图 7-21 所示。

（5）给各个按钮对象定义操作。例如，设置"新建"按钮的 Click 属性代码为 CREATE，"保存"按钮的 Click 属性代码为 USE。

（6）保存创建的工具栏类。

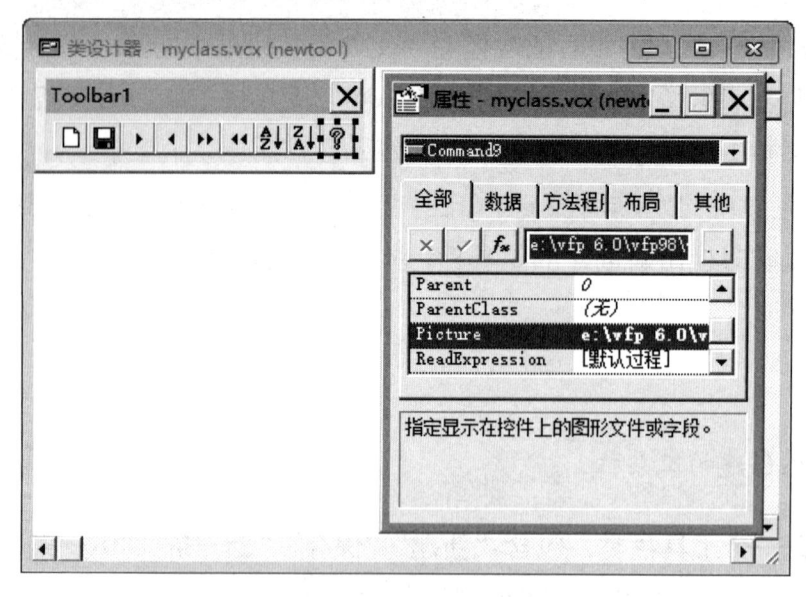

图 7-21　设置控件对象属性

实例 5　将上述创建的工具栏类，添加到表单集中。

操作步骤：

（1）在"表单设计器"窗口中打开一个表单，例如，打开"读者管理"表单，然后选择"表单"菜单中的"创建表单集"选项（假设没有创建表单集）。

（2）打开"表单控件"工具栏，单击"查看类"按钮，然后从其快捷菜单中选择"添加"，在打开的对话框中选择"myclass.vcx"类库文件并将其打开。

（3）从"表单控件"工具栏中选择工具栏类按钮"NewTool"，如图 7-22 所示，单击表单任一位置，在表单上添加该工具栏。

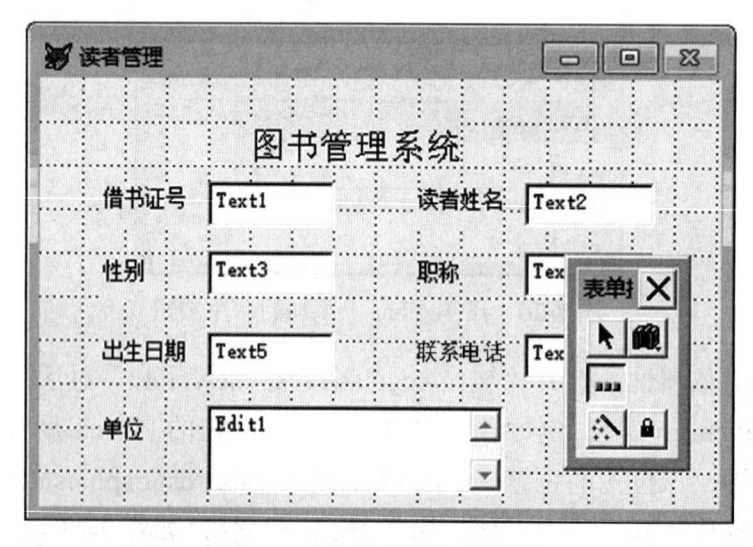

图 7-22　为表单添加工具栏

（4）保存并运行该表单，结果如图 7-23 所示。

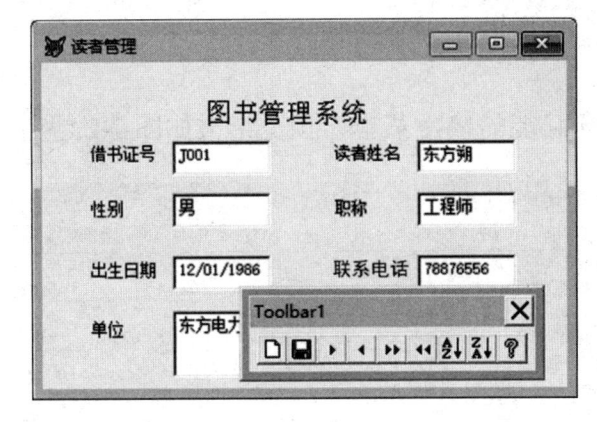

图 7-23 在表单上添加的工具栏

单击该工具栏上的按钮，查看各按钮实现的功能。

练一练

1. 填空题

（1）定义工具栏一般分为_____、_____、_____和_____等操作步骤。

（2）无论哪种类型的 Visual FoxPro 6.0 菜单，当选择其中的某个选项时都会有一定的动作，这个动作可以是_____、_____或_____。

（3）快捷菜单实际上是一个弹出式菜单，要为某个对象创建一个快捷菜单，需要在该对象的_____事件代码中添加调用对应菜单程序的命令。

（4）要在某个表单上添加工具栏，应该先创建一个_____，然后再添加工具栏。

2. 选择题

（1）"项目管理器"的"运行"按钮用于执行选定的文件，这些文件可以是（　　）。

　　A．查询、视图或表单　　　　　　B．表单、报表或标签
　　C．查询、表单或程序　　　　　　D．以上文件都可以

（2）以纯文本形式保存设计结果的设计器是（　　）。

　　A．查询设计器　　　　　　　　　B．表单设计器
　　C．菜单设计器　　　　　　　　　D．以上 3 种都不是

（3）在 Visual FoxPro 中可以用 DO 命令执行的文件不包括（　　）。

　　A．PRG 文件　　B．MPR 文件　　C．FRX 文件　　D．QPR 文件

（4）在 Visual FoxPro 系统中，在创建下列哪项时，将不以独立的文件形式存储？（　　）

　　A．查询　　　　B．视图　　　　C．类库　　　　D．表单

（5）对于创建新类，Visual FoxPro 提供的工具有（　　）。

　　A．类设计器和报表设计器　　　　B．类设计器和查询设计器
　　C．类设计器和表单设计器　　　　D．类设计器和表设计器

做一做

1. 创建一个具有打印功能的快捷菜单，预览结果如图 7-24 所示。

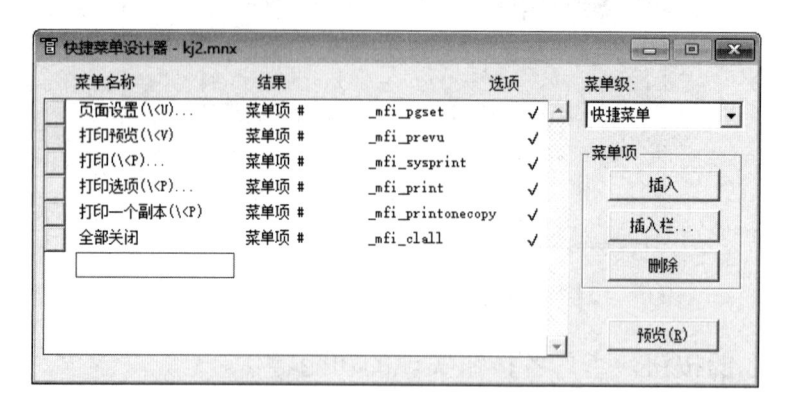

图 7-24 "打印"快捷菜单

提示：快捷菜单中各菜单项功能可以通过插入系统菜单项来实现。

2. 创建一个如图 7-25 所示的快捷菜单，并添加到表单"读者借阅"中。

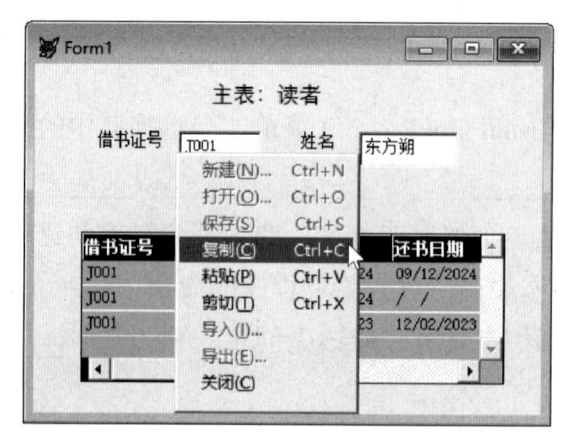

图 7-25 快捷菜单

3. 设计一个具有"剪切""复制""粘贴"和"撤销"4 个菜单项的快捷菜单，以便在浏览和维护"图书"表时使用，如图 7-26 所示。

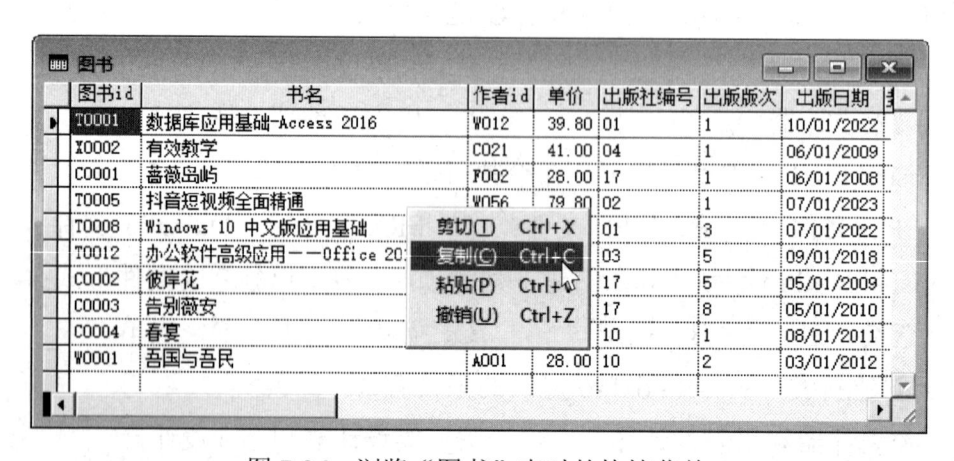

图 7-26 浏览"图书"表时的快捷菜单

提示：

（1）在"快捷菜单设计器"窗口通过插入系统菜单项的方法插入这 4 个菜单项。

（2）保存并生成菜单程序文件，文件名为"KJ.mpr"。

（3）编写并运行如下程序：

```
*WH.prg
CLEAR ALL
PUSH KEY CLEAR                         &&清除以前设置过的功能键
ON KEY LABEL RIGHTMOUSE DO KJ.mpr      &&设置鼠标右键启动 KJ.mpr 程序
USE 图书                                &&打开"图书"表
BROWSE
USE
```

4．定制一个如图 7-27 所示的工具栏。

图 7-27　定制的工具栏

5．定义一个如图 7-28 所示的工具栏类，并添加到一个表单集中。

图 7-28　定义的工具栏类

6．定义一个工具栏类，该工具栏上设置 4 个控件：一个命令按钮、一个列表框、一个组合框和一个页框。调整各控件的布局，通过属性窗口为控件对象设置属性和代码。

第 8 章

应用程序设计实例

8.1 知识结构图

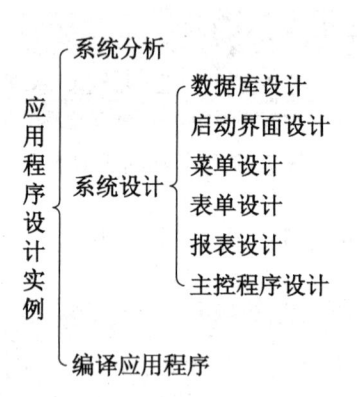

```
                    ┌─ 系统分析
                    │
应用程序设计实例 ───┤              ┌─ 数据库设计
                    │              │─ 启动界面设计
                    │─ 系统设计 ───┤─ 菜单设计
                    │              │─ 表单设计
                    │              │─ 报表设计
                    │              └─ 主控程序设计
                    │
                    └─ 编译应用程序
```

8.2 知识要点

1. 应用程序设计

一般来说,应用程序的设计要经过系统分析、系统设计、系统实施和系统维护等阶段。

(1)分析阶段。在系统分析阶段,程序设计者通过对开发项目信息的收集,确定系统目标、系统开发的总体思路及所需的时间等多方面条件。

(2)设计阶段。在系统设计阶段,首先要设计系统开发的总体规划,然后具体设计程序的任务、程序输入/输出的要求及数据结构的确立等,并用算法描述工具详细描述算法。

(3)实施阶段。在系统实施阶段,一般要把一个系统分解为若干小的子系统,采用"自顶向下""模块化"的设计思想开发程序。坚持在编写程序时使程序易阅读、易维护的原则,并使过程和函数尽量小而简明。

(4)维护阶段。在系统维护阶段,要经常修正程序中存在的缺陷,增加新的功能。在这个阶段,测试系统的性能尤为关键,要通过调试检查程序中的语法错误和算法设计错误,并加以修正。

在进行应用程序设计时,应有一个主程序,可用它来设计系统主页面窗口,调用本系统菜单程序和系统工具，启动系统登录表单的最高一级程序。在主程序中，一般要设置如下任务：

- 设置系统运行状态参数；
- 定义系统全局变量；
- 设置系统屏幕界面；
- 调用系统登录表单等。

2．编译应用程序

一个完整的 Visual FoxPro 数据库应用系统，最终的运行环境应该脱离 Visual FoxPro 系统。因此，还应该把设计好的应用程序进行连编，就是把数据库、表单、报表、菜单等应用程序组件连编成一个完整的应用程序。

对各个模块进行调试之后，需要对整个项目进行联合调试和编译，包括以下几方面的操作。

1）设置文件的"排除"与"包含"属性

项目中标记为"包含"的文件为只读文件。例如，表单、报表、菜单、程序等，而项目中的数据库表等文件应标记为"排除"，因为数据库表文件在系统运行过程中经常需要进行更新操作。

2）设置主文件

由于主文件是应用程序的入口，因此，一个应用程序必须有一个主文件。Visual FoxPro 6.0 中的表单、菜单、程序文件都可以设置为主文件，但一般设置主控程序文件为主文件。

3）设置项目信息

设置项目信息是设计应用程序的一个辅助操作。项目信息的主要内容包括开发者的姓名、单位、地址、省份、项目所在目录、调试信息、是否对应用程序加密等。

4）清理项目

项目文件.pjx 本身是一个数据表格式的文件，而.pjt 文件则是数据表说明文件。Visual FoxPro 利用一个项目文件.pjx 来存储应用程序所包含的各类文件的相关信息。所以，当在项目文件中添加一个文件时，在.pjx 文件中就增加了一条记录，当删除一个文件时，在.pjx 文件中将该记录删除，但这种删除是逻辑删除。经常对项目文件做删除文件操作时，在.pjx 文件中会留下大量带逻辑删除标记的记录，这会造成空间浪费。所以要经常清理项目文件。

清理项目文件时，单击"项目"菜单中的"清理项目"命令，系统自动将带删除标记的记录删除。使用 USE 命令和 PACK 命令也可以清理项目文件中的记录。

5）编译项目

编译项目包括连编项目、连编应用程序、连编可执行文件、连编 COM DLL 等操作，主要是将项目中的文件连编成一个在 Visual FoxPro 系统中运行的.app 文件，或连编成一个可在 Windows 环境（脱离 Visual FoxPro 系统）下运行的.exe 文件。

使用 BUILD APP 或 BUILD EXE 命令，也可以连编应用程序。

3．发布应用程序

发布应用程序包括创建发布目录和创建发布磁盘与安装程序两部分。

1）创建发布目录

发布目录包括组成应用程序的所有项目文件的复制。发布树的目录结构也就是由安装向导创建的安装程序将在用户机上创建的文件结构。

利用发布目录可以模拟运行环境，测试应用程序。如果必要，还可以暂时修改开发环境的一些默认设置，模拟目标用户机的配置情况。当一切工作正常时，就可以使用安装向导来创建磁盘映像了。

2）创建发布磁盘与安装程序

使用 Visual FoxPro 6.0 提供的安装向导可以创建一组或多组发布磁盘，并且包含一个应用程序的安装程序。使用安装向导创建完安装磁盘后，将文件夹所包含的文件分别复制到磁盘中，然后将创建好的安装磁盘安装到用户计算机上。

另外，在开发应用程序时，可以使用 Visual FoxPro 6.0 系统提供的应用程序生成器。利用应用程序向导能够生成一个项目和一个 Visual FoxPro 6.0 应用程序框架，打开应用程序生成器可以添加已生成的数据库、表、表单和报表等组件，无须编写代码便可创建完整的应用程序。

实训　应用程序的设计、编译与发布

跟我做

实训要求

- 了解使用应用程序生成器创建应用程序的过程
- 学会编译程序生成.app 和.exe 文件的方法
- 学会创建发布应用程序

实例 1 使用程序生成器创建图书管理应用系统。

为图书管理应用系统新建一个文件夹 e:\ts，用来存放应用系统需要的数据库、表、表单、报表和应用程序等组件。

操作步骤：

（1）启动应用程序向导。在 Visual FoxPro 6.0 的主窗口中选择"工具"菜单，单击"向导"中的"全部"选项，打开"向导选取"对话框，如图 8-1 所示。

（2）选择"应用程序向导"选项，打开"应用程序向导"对话框，输入项目文件名称"tsgl"并设置存放位置，如图 8-2 所示。

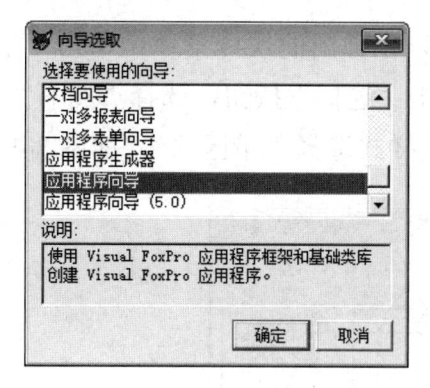

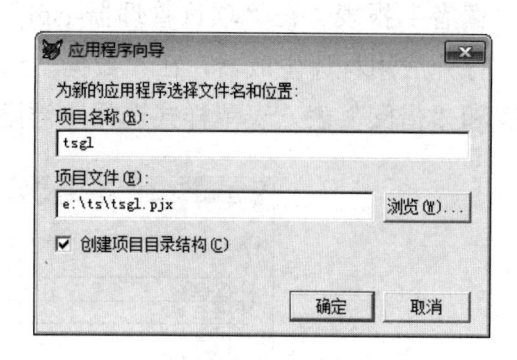

图 8-1 "向导选取"对话框　　　　图 8-2 "应用程序向导"对话框

（3）单击"确定"按钮，系统自动创建应用程序框架，然后打开项目文件"tsgl"和"应用程序生成器"窗口，如图 8-3 所示。

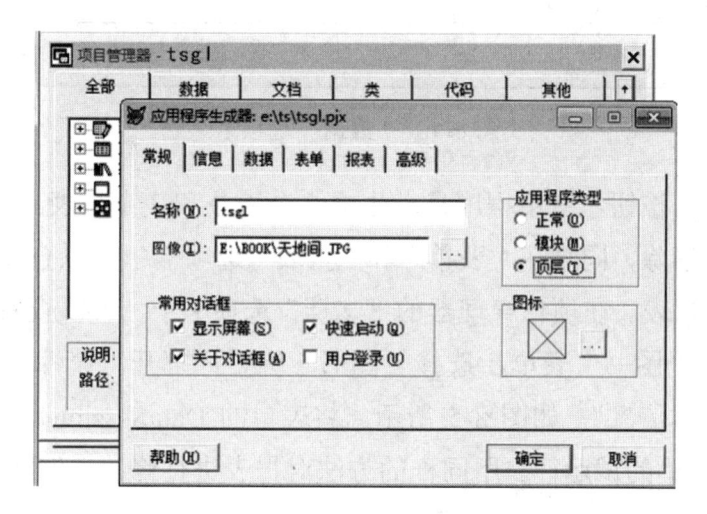

图 8-3 应用程序向导创建的项目

- 名称：指定应用程序的名称，例如，应用程序的名称为"tsgl"。
- 图像：显示在启动界面和"关于"对话框中的图像文件。
- 正常：生成扩展名为.app 的应用程序。
- 模块：应用程序被添加到已有的项目中，或将被其他程序调用。
- 顶层：生成扩展名为.exe 的应用程序。
- 显示屏幕：显示启动界面。
- 关于对话框：是否需要"关于"对话框。
- 快速启动：通过"快速启动"对话框给出要启动的组件。
- 用户登录：给出用户登录的提示对话框。
- 图标：显示在正常应用程序的主桌面上、顶层应用程序的顶层表单框架上，以及没有指定特定图标的表单标题栏上的图标。

（4）添加已创建的数据库。选择项目管理器"数据"选项卡中的"数据库"，单击"添加"按钮，将 e:\book\books.dbc 数据库添加到项目文件"tsgl"中。这时也自动添加了该数据库中的表："图书"表、"读者"表、"借阅"表和"出版社"表。

（5）创建表单和报表。自动生成"图书"表单、"读者"表单、"图书"报表、"借阅"报表和"读者"报表。在"项目管理器-tsgl"窗口右击，在弹出的快捷菜单中单击"生成器"选项，打开应用程序生成器，在"数据"选项卡中单击"选择"按钮，选择"图书"表、"读者"表和"借阅"表，表单样式选择"浮雕式"，报表样式选择"带区式"，如图8-4所示。

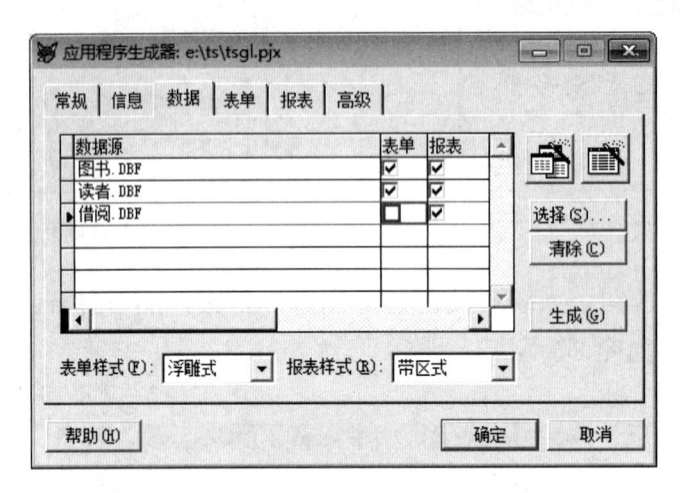

图 8-4 "数据"选项卡

（6）单击"生成"按钮，应用程序自动生成2个表单和3个报表。生成结束后，"数据"选项卡上的数据源被清除，同时在"表单"和"报表"选项卡中可以查看生成的表单和报表。

（7）修改表单和报表。在项目管理器的"文档"选项卡中，可以查看生成的表单和报表。在表单设计器中修改"图书"表单，选择"图书"标签，打开"属性"对话框，将 Caption 属性修改为"图书基本信息"，如图 8-5 所示。将表单的 DataSession 属性设置为"默认数据工作期"，以方便对表单的试运行。用同样的方法对报表进行修改，例如，删除"读者"报表的标题标签"读者"，添加一个"读者基本情况表"标签，字体设置为粗体、20 号。

图 8-5 修改"图书"表单的 Caption 属性

同样，可以对其他表单或报表进行修改。

（8）选择"高级"选项卡，设置帮助文件和应用程序的默认目录，如图8-6所示。"菜单"框中的"常用工具栏"和"'收藏夹'菜单"两个选项指定应用程序是否有常用工具栏和"收藏夹"菜单项。"清理"按钮使应用程序生成器所做的修改与当前活动项目保持同步。

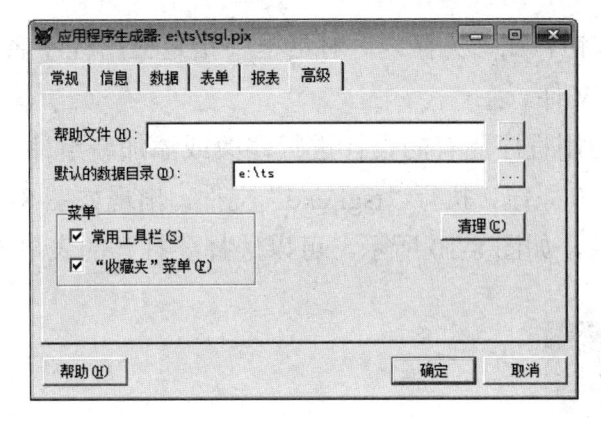

图 8-6 "高级"选项卡

（9）在"信息"选项卡中，可以设置应用程序的有关信息，如图 8-7 所示。

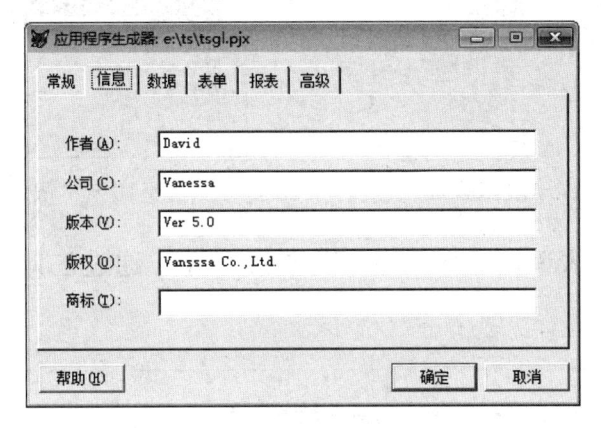

图 8-7 "信息"选项卡

（10）单击"应用程序生成器"窗口的"确定"按钮，自动生成各个选项卡所做的设置。

实例 2 将实例 1 生成的应用程序编译成可执行的.exe 文件。

为了使应用程序生成器所做的修改体现在应用程序中，必须重新连编项目或连编应用程序。连编应用程序的操作步骤如下。

（1）打开项目文件"tsgl"，单击项目管理器中的"连编"按钮，打开"连编选项"对话框，选择"连编可执行文件"选项，如图 8-8 所示。

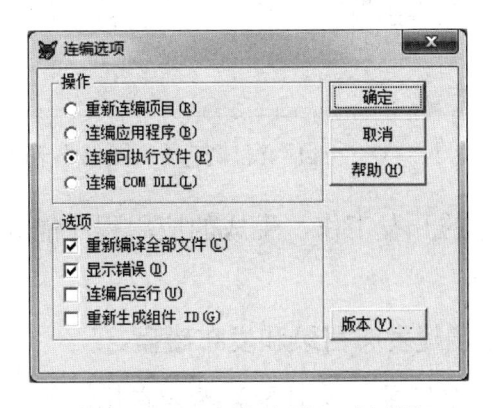

图 8-8 "连编选项"对话框

（2）单击"确定"按钮，在"另存为"对话框中指定应用程序名为"tsgl.exe"。系统自动编译生成 tsgl.exe 可执行文件。

每当通过生成器对应用程序原有的设计进行修改或添加新组件后，都要重新进行连编。

关闭 Visual FoxPro 6.0 系统，执行"tsgl.exe"文件，出现如图 8-9 所示的登录界面，然后打开"快速启动"对话框，如图 8-10 所示，可以选择要打开的表单或报表。

图 8-9　"tsgl"应用程序登录界面　　　　图 8-10　"快速启动"对话框

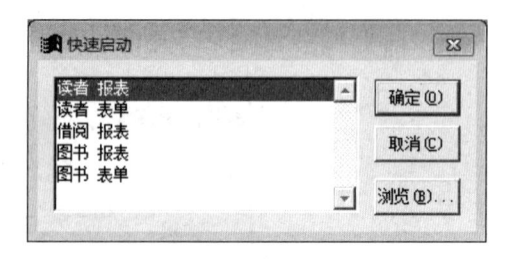

例如，打开"图书"表单，运行结果如图 8-11 所示。通过工具栏上的定位按钮，可以浏览不同的记录。

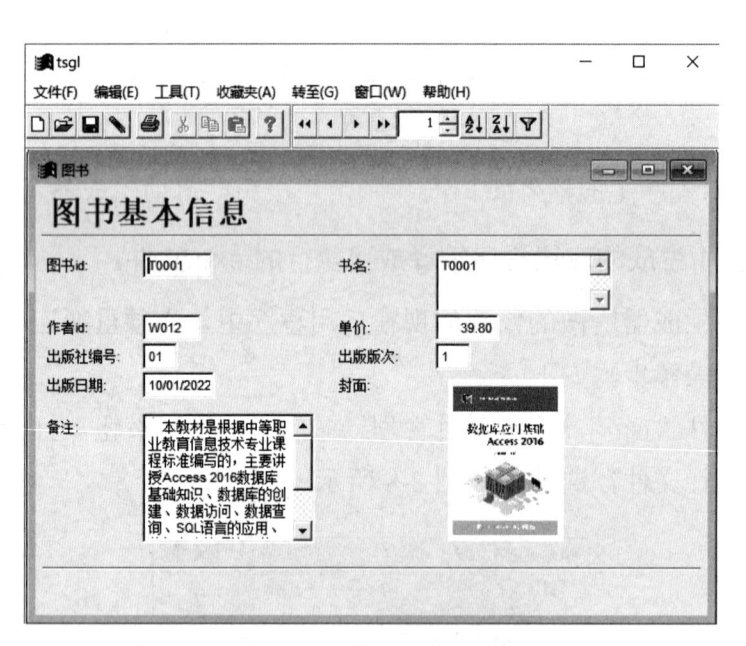

图 8-11　在"tsgl"窗口打开"图书"表单

使用生成器可以简化程序的开发工作，生成的应用程序能满足用户的一般需求，但不能满足用户的所有需求。

实例 3　将 tsgl 应用程序创建发布目录和发布磁盘。

创建发布目录就是创建一个目录，该目录为希望在用户机上出现的名称，并将编译好的可执行文件、数据文件等复制到该目录中。

操作步骤：

（1）在 Visual FoxPro 6.0 的主窗口中选择"工具"菜单，单击"向导"中的"安装"选项，打开安装向导的"定位文件"对话框，如图 8-12 所示。指定发布树目录，如"E:\TS\"。

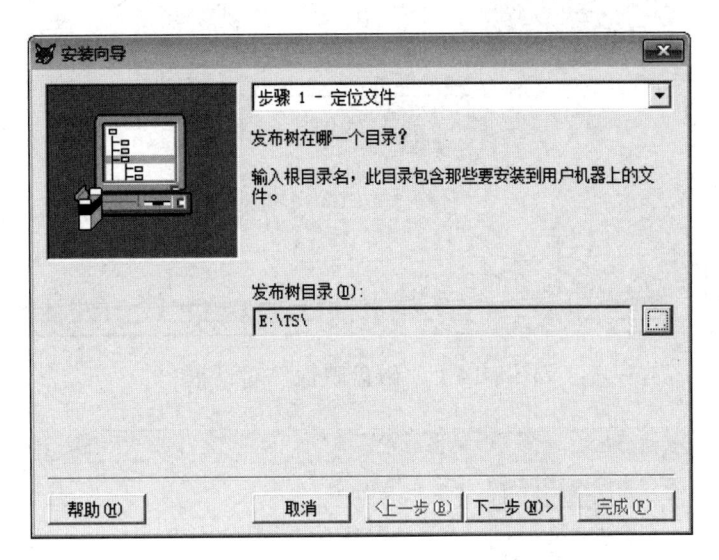

图 8-12 "定位文件"对话框

（2）单击"下一步"按钮，打开"指定组件"对话框，如图 8-13 所示。选择"Visual FoxPro 运行时刻组件"，此时.dll 文件会自动包含在应用程序文件中，以便在用户机上正确安装。

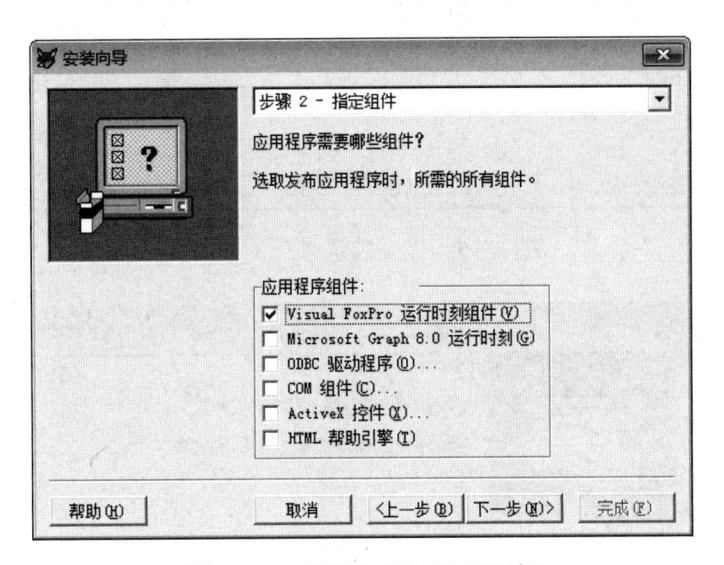

图 8-13 "指定组件"对话框

（3）单击"下一步"按钮，打开"磁盘映像"对话框，如图 8-14 所示。输入磁盘映像目录的位置和选择磁盘映像的类型，例如，选择磁盘映像目录为"E:\TS-BACKUP\"，磁盘映像的类型为"Web 安装（压缩）"。

（4）单击"下一步"按钮，打开"安装选项"对话框，如图 8-15 所示。输入安装对话框的标题、版权信息及安装完成后需要执行的程序。

（5）单击"下一步"按钮，打开"默认目标目录"对话框，如图 8-16 所示。其中，在"默认目标目录"文本框中需要指定安装时默认的安装路径。

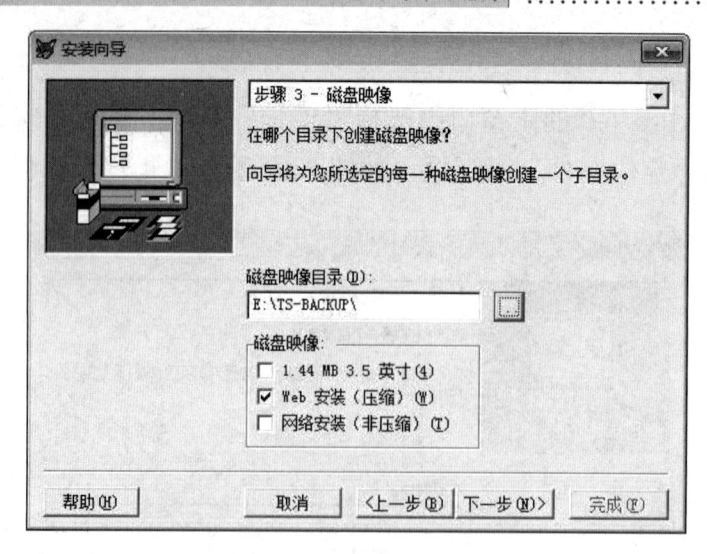

图 8-14 "磁盘映像"对话框

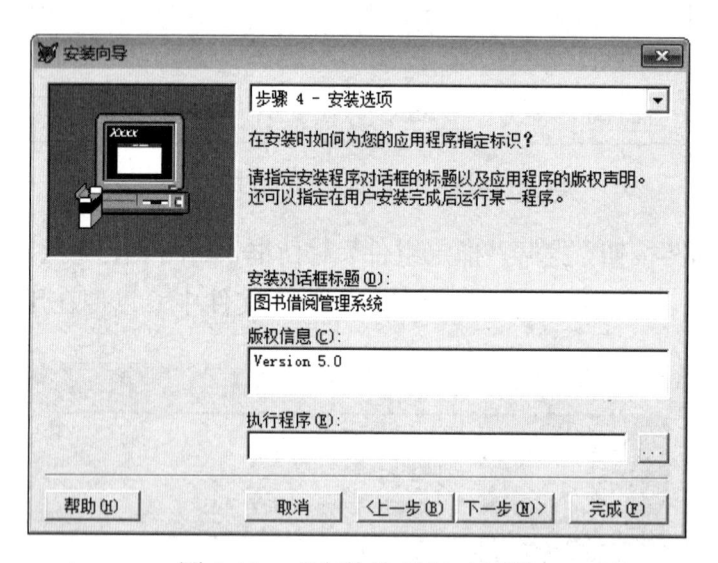

图 8-15 "安装选项"对话框

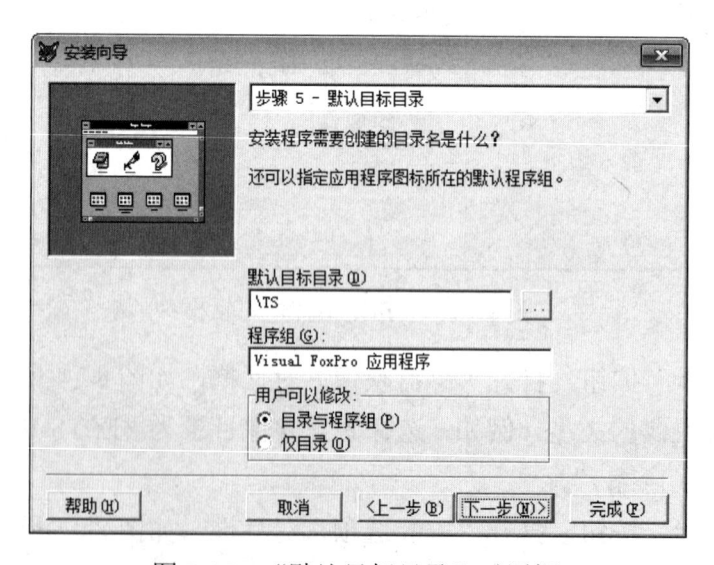

图 8-16 "默认目标目录"对话框

（6）单击"下一步"按钮，打开"改变文件设置"对话框，可以选择是否要将文件安装到其他目录中、更改程序组属性或为文件注册 ActiveX 控件，一般选择默认安装。

(7)单击"下一步"按钮,打开"完成"对话框,如图 8-17 所示。

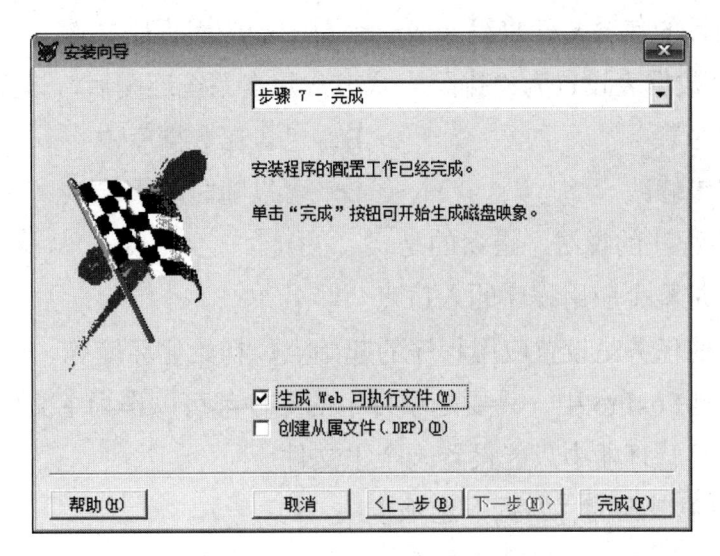

图 8-17 "完成"对话框

单击"完成"按钮,开始制作安装系统。制作完成后系统打开"安装向导磁盘统计信息"对话框,显示安装磁盘的统计信息。

要安装开发的应用程序,可打开 e:\ts-backup\Websetup 文件夹,运行 setup.exe 安装文件。

练一练

1. 填空题

(1)连编后生成的应用程序需要在 Visual FoxPro 中运行,则该应用程序文件的扩展名为_____;如果该应用程序可以在 Windows 下运行,则该应用程序文件的扩展名为_____。

(2)使用应用程序向导创建的项目,除项目文件外还自动生成一个_____。

(3)在应用程序生成器的"常规"选项卡中,选择"应用程序类型"为"正常"选项,将生成一个_____文件,选择"顶层"选项,将生成一个_____文件。

(4)如果项目不是由应用程序向导创建的,则应用程序生成器只有"数据"、_____和"报表"3 个选项卡可用。

(5)要从项目"图书管理"中连编得到一个名为"学校图书管理"的可执行文件,可以在命令窗口输入命令:BUILD _____ FROM _____。

2. 选择题

(1)连编应用程序不能生成的文件类型是(   )。

    A..APP   B..DLL   C..PRG   D..EXE

(2)把一个项目编译成一个应用程序文件时,下列说法正确的是(   )。

    A.由用户选定的项目文件将组合成一个单一的应用程序文件

    B.所有项目文件将组合成一个单一的应用程序文件

C．所有项目的排除文件将组合成一个单一的应用程序文件

D．所有项目的包含文件将组合成一个单一的应用程序文件

（3）如果将一个数据表设置为"排除"状态，那么系统连编后，该数据表将（   ）。

A．成为自由表　　　　　　　　B．包含在数据库中

C．不能编辑修改　　　　　　　D．可以随时编辑修改

（4）下面关于主程序的说法，错误的是（   ）。

A．主程序是整个应用程序的入口点

B．主程序的任务是设置应用程序的起始点、初始化环境等

C．在 Visual FoxPro 中，只要是项目中的文件都可以作为主文件

D．一个项目管理器中只能设置一个主文件

（5）在应用程序生成器的"数据"选项卡中，（   ）。

A．可以为表生成一个表单和报表，并可以选择样式

B．为多个表生成的表单必须有相同的样式

C．为多个表生成的报表必须有相同的样式

D．只能选择数据源，不能创建它

（6）根据"职工"项目文件生成 emp_sys.exe 应用程序的命令是（   ）。

A．BUILD EXE emp_sys FROM 职工

B．BUILD APP emp_sys.exe FROM 职工

C．LINK EXE emp_sys FROM 职工

D．LINK APP emp_sys.exe FROM 职工

（7）如果添加到项目中的文件标识为"排除"，则表示（   ）。

A．此类文件不是应用程序的一部分

B．生成应用程序时不包括此类文件

C．生成应用程序时包括此类文件，用户可以修改

D．生成应用程序时包括此类文件，用户不能修改

做一做

1．使用应用程序向导创建项目文件"学生管理"，然后将"学籍管理"项目中的"学生.dbc"数据库添加到该项目中。

2．使用应用程序生成器创建应用程序，其中包含"学籍"和"成绩"表单、报表，并添加相关信息，最后生成一个可执行的文件。

3．将"学生管理"项目创建发布磁盘，在另一台计算机上安装并运行该应用程序。

第 9 章

结构化程序设计基础

9.1 知识结构图

```
                    ┌ 字符型：定界符" "、' '、[ ]
                    │ 数值型：数字、小数点、正/负号
               常量 ┤ 逻辑型：.T.、.F.
                    │ 日期型：{^yyyy-mm-dd}
                    │ 日期时间型：{^yyyy-mm-dd[,][hh[:mm[:ss]][a|a]]}
                    └ 货币型：定界符$

                    ┌ 内存变量 ┌ 简单内存变量
              变量表┤          └ 数组变量
                    │ 系统变量
                    └ 字段变量

                    ┌ 数字运算函数
                    │ 字符串操作函数
               函数 ┤ 日期时间函数
                    │ 转换函数
                    └ 测试函数

                    ┌ 算术表达式：( )、**或^、%、*、/、+、-
结构化            表达式 ┤ 字符表达式：+、-
程序              │ 关系表达式：<、<=、>、>=、<>、# 或!=、=、==、$
设计              └ 逻辑表达式：NOT 或!、AND、OR
基础
                    ┌ 建立和修改：MODIFY COMMAND
             命令文件┤
                    └ 运行：DO<命令文件>

                              ┌ 顺序结构
              结构化程序设计 ┤ 选择结构
                              └ 循环结构

              子程序 ┌ 建立：MODIFY COMMAND
                    └ 调用：DO<子程序名>[WITH<参数>]

                    ┌ 建立：MODIFY COMMAND
                    │ 打开：SET PROCEDURE TO<过程文件名>
             过程文件┤ 关闭：SET PROCEDURE TO、RELEASE PROCEDURE<过程文件名>
                    │ 参数传递
                    │              ┌ 公共变量
                    └ 变量作用域 ┤ 私有变量
                                   └ 局部变量

              自定义函数
```

9.2 知识要点

1. 数据存储

Visual FoxPro 6.0 定义了 13 种数据类型，它们分别是字符型、货币型、数值型、浮动型（常称浮点型）、日期型、日期时间型、双精度型、整型、逻辑型、备注型、通用型、字符型（二进制数）和备注型（二进制数）。这些数据类型都可以用来定义数据表的字段类型。其中，备注型和通用型数据在数据表中仅包含 4 字节的地址指针，实际数据存储在.fpt 文件中；双精度型、浮动型、通用型、整型和备注型仅用于定义字段的数据类型，其他数据类型还可用于定义内存变量。

Visual FoxPro 6.0 中用来存储数据的容器有常量、变量、函数、运算符和表达式、记录和对象。

1) 常量

Visual FoxPro 6.0 中的常量有字符型、数值型、逻辑型、日期型、日期时间型和货币型 6 种类型。还可以定义一种特殊的常量，即编译常量。该常量只能在应用程序编译期间使用。编译常量使用#DEFINE 预处理命令来定义数据和数据类型，例如，#DEFINE score "总成绩"。定义此常量后，就可以在源代码中使用了，在应用程序中使用"总成绩"的地方都可以用 score 代替。

释放已定义的常量用#UNDEFINE 预处理命令，例如，#UNDEFINE score。

2) 变量

Visual FoxPro 6.0 中的变量有系统变量、内存变量和字段变量之分。为区别内存变量，在系统变量名前加下画线_，如系统内存变量_PEJECT 用于定义打印输出方式。

数组指存储在一个变量中由单个变量名引用的有序数据集合。数组中的每个元素都可以通过一个数值下标来引用。例如，TX（5）、S（3，4），数组下标的起始值为 1，数组 TX（5）的数组名为 TX，下标为 5，该数组只有一个下标，称为一维数组，它有 5 个数组元素：

TX（1）、TX（2）、TX（3）、TX（4）、TX（5）

数组 S（3，4）的数组名为 S，下标分别为 3 和 4，该数组有两个下标，称为二维数组，它有 3 行 4 列共 12 个元素：

S（1，1）、S（1，2）、S（1，3）、S（1，4）

S（2，1）、S（2，2）、S（2，3）、S（2，4）

S（3，1）、S（3，2）、S（3，3）、S（3，4）

数组在使用时要由 DIMENSION 或 DECLARE 命令来定义。例如，分别定义一个一维和二维数组。在命令窗口输入命令：

```
DIMENSION X(5),Y(2,3)
```

上述命令定义了 X 和 Y 两个数组，X 是一个一维数组，Y 是一个二维数组。在表示一个二维数组元素时，既可以用一个下标，也可以用两个下标。例如，数组 Y 中的第 4 个元素可以表示为 Y（2，1），也可以表示为 Y（4）。但不能把一维数组用二维数组来表示。数组的下标值最小为 1。

数组定义后各元素的数据类型为逻辑型，其值均为.F.。给数组赋值的方法与给简单内存变量赋值的方法相同，可以使用"="或 STORE 命令。如果只给数组名赋值（不指明下标），则数组中所有元素均赋同一个数值；如果指明下标，则只给指定下标的数组元素赋值。

在 Visual FoxPro 6.0 中，可以使用多种方式来定义内存变量和给内存变量赋值，常用的赋值命令有 STORE 和赋值号=。

例如，在上述定义数组 X、Y 后，可以使用下列语句给数组变量赋初值：

```
DIMENSION  X(5),Y(2,3)
X=56
Y(1,1)=78.12
Y(1,2)=DATE()
Y(1,3)="青岛"
STORE .T. TO Y(2,1),Y(2,2)
```

显示变量或表达式的计算结果，可以使用命令?或??。

字段变量是指数据表中的记录的数据项。字段名变量的值是当前记录字段的值，并可以随时改变。在使用变量时，如果内存变量名与当前数据表中的字段变量相同，则字段变量优先被使用。如果要使用内存变量，需在内存变量名前加上 m.或 m->前缀。

3）函数

Visual FoxPro 6.0 系统为用户提供了一批标准函数，利用这些函数可以完成一些复杂的特定运算。在使用函数时应注意以下几点：

- 准确地掌握函数的功能；
- 函数的返回值有确定的类型，因而组成表达式时要注意类型的匹配；
- 每个函数对其参数的类型和数量都有特定的要求。

4）运算符和表达式

Visual FoxPro 6.0 中根据运算符作用的不同将其分为算术运算符、字符运算符、关系运算符和逻辑运算符 4 种类型。在书写表达式时，要遵循运算符优先级运算规则，以下是按运算符优先级由高到低的排列顺序：

（ ）→ **或^ → % → *，/ → +，- → 关系运算符 → NOT → AND →OR

2. 结构化程序设计基础

Visual FoxPro 6.0 支持结构化和面向对象两种类型的程序设计方式。结构化程序分为顺序、选择和循环 3 种基本结构，是程序设计的基础。

顺序、选择和循环 3 种结构的程序不是对立的，每个结构化程序首先是一个顺序结构的程序，选择和循环结构可以相互嵌套，但不能交叉嵌套。编写程序时，如果条件单一，可以使用 IF … ELSE … ENDIF 结构；如果条件较多，可以考虑使用 DO CASE … ENDCASE 结构。在循环结构程序设计中，FOR … ENDFOR 命令用于执行循环次数固定的程序，循环控制变量的初值、终值可以是常数、内存变量和表达式，但其数据类型必须是数值型。对于在不能确定循环次数的情况下，可以使用 DO WHILE … ENDDO 循环，而 SCAN … ENDSCAN 是用于对表记录处理的循环，SCAN 命令自动移动记录指针，当程序执行到 ENDSCAN 或 LOOP 时，将对条件表达式进行判断：如果条件成立，则指针自动移到下一条符合条件的记录上。例如，在"图书"表中查询并显示单价在 20 元以上的记录，可以用以下 3 种循环结构实现。

（1）程序 1：

```
USE 图书
LOCATE FOR 单价>20
FOR I=1 TO 100                    &&指定循环次数
    IF NOT EOF()
        DISPLAY
        CONTINUE
    ENDIF
ENDFOR
```

（2）程序 2：

```
USE 图书
DO WHILE NOT EOF()                &&不确定的循环次数
    IF 单价>20
        DISPLAY
    ENDIF
    SKIP
ENDDO
```

（3）程序 3：

```
USE 图书
SCAN FOR 单价>20                  &&自动扫描符合条件的记录
    DISPLAY
ENDSCAN
```

以上 3 个程序实现的功能相同，但实现的方法不同。

多重循环结构是在一个循环体中又包含另一个循环或多个循环。在进行多重循环结构程序设计时，应注意以下几点：

- 循环语句和结束语句成对出现，一一对应；
- 循环结构只能嵌套，不能交叉使用；
- 不同层的循环控制变量不能重名。

3．子程序和过程文件

一个应用程序一般由多个模块组成，每个模块是一个相对独立的程序段，这样的模块称为子程序。一个模块可以调用其他模块程序，同样也可以被其他模块程序调用。

1）子程序

子程序和其他 Visual FoxPro 程序一样，可以使用 MODIFY COMMAND 命令来建立。子程序以独立的程序文件方式存放，调用子程序可以使用 DO 命令，其格式如下：

```
DO <子程序名> [WITH <参数清单>]
```

子程序一般以 RETURN 命令结束。RETURN 返回调用它的上一级程序，RETURN TO MASTER 命令则返回最高一级的调用程序。

2）过程文件

（1）建立过程文件。

其格式如下：

```
PROCEDURE <过程名 1>
     <命令序列 1>
[RETURN [<表达式>]]
[ENDPROC ]
         …
PROCEDURE <过程名 n>
     <命令序列 n>
[RETURN [<表达式>]]
[ENDPROC ]
```

一个过程文件中包含多个过程，用 PROCEDURE … RETURN [ENDPROC]来标识每个过程。执行到 RETURN 命令时，返回调用程序，并返回表达式的值。

（2）调用过程。

调用过程前，应先打开相应的过程文件。

- 打开过程文件的命令格式如下：

```
SET PROCEDURE TO [<过程文件名 1>[,<过程文件名 2> …]][ADDITIVE]
```

- 调用过程：

```
DO <过程名>
```

或

```
<过程名>()
```

- 关闭过程文件使用下列命令格式：

```
SET PROCEDURE TO
```

或

```
CLOSE PROCEDURE
```
或
```
RELEASE PROCEDURE <过程文件名1>[,<过程文件名2> …]
```

在进行结构化程序设计时，为减少重复程序码，可以将相同功能的程序模块独立出来，成为一个子程序或过程，提高程序运行效率。

4．参数传递及自定义函数

1）参数传递

程序调用子程序（过程）或函数时，常常需要进行参数传递，把调用程序中的数据传递给子程序（过程）或函数。接收参数的命令用 PARAMETERS，并且是子程序（过程）的第一条可执行的命令。其格式如下：

```
PARAMETERS <参数表>
```

如果调用的是过程文件，一般将 PARAMETERS <参数表>放在 PROCEDURE 语句之后；如果是自定义函数，则放在 FUNCTION 语句之后。参数调用时，WITH <参数表>中的参数应与调用程序中的参数保持一致（数量相同，类型一致，但参数名可以不同）。

为实现参数传递，调用程序的命令格式如下：

```
DO <程序名> [IN <文件名>] WITH <参数表>
```

传递的参数可以是常量、变量或表达式，若是表达式则先计算表达式的值，然后传送到接收参数。

2）内存变量作用域

根据内存变量作用域的不同，Visual FoxPro 6.0 中的内存变量可以分为公共变量、私有变量和局部变量。

3）自定义函数

除了使用标准函数外，用户还可以自定义函数。自定义函数的格式如下：

```
Function <函数名>(变量名)
  [PARAMETERS <参数表>]
   <语句序列>
Return [<返回值>]
ENDFUNC
```

调用自定义函数的方法与调用子程序（过程）的方法相同。

使用函数最注重的是返回值，返回值可以是常数、变量或表达式等。如果省略<返回值>，Visual FoxPro 将自动返回逻辑真值.T.。

实训1 数据及其运算

跟我做

实训要求

- 掌握常量的类型及其表示方法
- 学会内存变量的定义、赋值和显示
- 能正确使用常用标准函数
- 能正确书写表达式

实例1 练习 STORE 命令、赋值符 = 及显示命令 ? 的使用。

在 Visual FoxPro 6.0 的"命令"窗口中依次输入下列命令，并观察操作结果。

```
BH="F2519"
SM=[企业财务会计]
ZZ='胡义'
DJ=13.50
SL=100
? BH
    F2519
? SM,ZZ
    企业财务会计 胡义
? BH+SM+"作者:",ZZ
    F2519企业财务会计作者：胡义
? SL,SL*DJ+20
    100       1370.00
? SL<80
    .F.
```

实例2 给出下列标准函数的值。

在 Visual FoxPro 6.0 的"命令"窗口中依次输入下列命令，并观察操作结果。

```
? ABS(-1.78),ABS(3.5),PI()
  1.78   3.5      3.14
? INT(10.6),INT(-10.6)
  10    -10
? ROUND(1056.73,1),ROUND(-1056.73,0),ROUND(1056.73,-2)
  1056.7     -1057      1100
? SQRT(81),EXP(1),LOG(2)
  9.00    2.72    0.69
? SUBSTR("AB56",2,3),SUBSTR("北京奥运会",1,4)
```

B56 北京
```
? AT("长城","中国万里长城"),AT("IS","THIS IS A BOOK")
      9                3
? LEN("海洋"),LEN("100")
      4          3
? SPACE(10)+ "北京"+SPACE(5)+ "首都"
          北京     首都
? REPLICATE("中国",10)
   中国中国中国中国中国中国中国中国中国中国
? STR(315.62,5,1),STR(315.62,4,1)
   315.6    316
? VAL("102"),VAL("102AB"),VAL("AB102")
   102.00   102.00    102
RQ ="10/20/2008"
? CTOD(RQ),DTOC(CTOD(RQ)+8),DTOS(CTOD(RQ)+8)
   10/20/2008  10/28/2008  20081028
? DATE(),TIME(),DATETIME()
   08/03/2023  13:56:17  08/03/2023 01:56:17 PM
? IIF(5>2,"A","B")
   A
? YEAR(DATE()),MONTH(DATE()),DAY(DATE())
   2023     8       3
```

实例3 给出下列各表达式的值。

在 Visual FoxPro 6.0 的"命令"窗口中依次输入下列命令，并观察操作结果。

```
? 2**5,5**2,35%6
   32.00   25.00       5
SM="法律"
LB="常识"
? SM+LB,SM-LB
   法律常识 法律常识
RQ={^2008/10/12}
RQ1={^2008/10/12 10:12:38}
? RQ1,RQ+10,RQ1,RQ1+300
   10/12/2008 10:12:38 AM 10/22/2008 10/12/2008 10:12:38 AM 10/12/2008 10:17:38 AM
? RQ-{^2008/10/10}
     2
? RQ1-{^2007/10/10  8:12:58}
           31802380
? 7+8>=15,"AB"="A","A"="AB","AB"=="A","中国"="中华"
     .T.   .T.   .F.   .F.   .F.
? NOT 3>5,"A">"B" OR 15<20
```

```
           .T.   .T.
        ?  .T. AND .T. AND .F. OR .T. AND NOT .T.
              .F.
```

练一练

1．填空题

（1）在 Visual FoxPro 6.0 中，字符型数据占_____字节，货币型数据占_____字节，日期型数据占_____字节，整型数据占_____字节，逻辑型数据占_____字节。

（2）Visual FoxPro 6.0 中的内存变量有 6 种类型，它们分别是_____、_____、_____、_____、_____、_____。

（3）YEAR（DATE()）的数据类型是_____；DATE()+6 的数据类型是_____；MOD（10，3）的数据类型是_____；VAL（"123"）的数据类型是_____；TIME()的数据类型是_____。

（4）ROUND（3256.3245，3）的值是_____；LEN（"I am a student"）的值是_____。

（5）逻辑运算符 AND、OR 和 NOT 按优先级由高到低的顺序排列为_____。

2．选择题

（1）下列日期型常量，表示正确的是（   ）。

  A．{"2023/09/08"}　　　　　　　B．{^2023/09/08}

  C．{2023/09/08}　　　　　　　　D．{[2023/09/08]}

（2）设 D=3>5，则命令"？TYPE（"D"）"的输出值是（   ）。

  A．L　　　　B．N　　　　C．C　　　　D．D

（3）设 M=10，N=12，K="M+N"，则表达式 1+&K 的值是（   ）。

  A．23　　　　　　　　　　　　B．1+M+N

  C．11　　　　　　　　　　　　D．数据类型不匹配

（4）下列式子中肯定不合法的 Visual FoxPro 6.0 表达式是（   ）。

  A．[9999] – AB　　　　　　　　B．NAME+"NAME"

  C．10/23/99　　　　　　　　　　D．"教师" OR "学生"

（5）Visual FoxPro 6.0 允许字符型数据的最大宽度是（   ）。

  A．64　　　　B．128　　　　C．254　　　　D．1024

（6）判断数值型变量 X 是否能被 3 整除，错误的条件表达式是（   ）。

  A．MOD（X，3）=0　　　　　　B．INT（X/3）=X/3

  C．0=MOD（X，3）　　　　　　D．INT（X/3）=MOD（X，3）

（7）设 CJ=90，则函数 IIF（CJ>=60，IIF（CJ>80，"优秀"，"良好"，"差"））的返回值是（   ）。

  A．优秀　　　　B．良好　　　　C．差　　　　D．90

（8）函数 LEN（SPACE（3）–SPACE（2））的值是（　　）。

  A．1　　　　　　B．2　　　　　　C．3　　　　　　D．5

（9）下列赋值命令中，正确的是（　　）。

  A．STORE 7 TO X，Y　　　　　B．STORE 7，8 TO X，Y

  C．X=7，Y=8　　　　　　　　D．X=Y=7

（10）数学表达式 1≤X≤7，在 Visual FoxPro 6.0 中正确的写法是（　　）。

  A．1≤X OR X≤7　　　　　　B．1≤X AND X≤7

  C．X>=1 AND X<=7　　　　　D．X>=1 OR X<=7

（11）下列关系表达式中，运算结果为逻辑真.T.的是（　　）。

  A．"副教授"$"教授"

  B．3+5#2*4

  C．"计算机"<>"计算机世界"

  D．2004/05/01==CTOD（"04/01/03"）

（12）在下列各项中，运算级别最低的为（　　）。

  A．算术运算符　　　　　　　B．关系运算符

  C．逻辑运算符　　　　　　　D．圆括号()

（13）下列函数中，函数值为数值型的是（　　）。

  A．DATE()　　　　　　　　　B．TIME()

  C．YEAR()　　　　　　　　　D．DATETIME()

（14）可以比较大小的数据类型包括（　　）。

  A．数值型、字符型、日期型和逻辑型

  B．数值型、字符型和日期型

  C．数值型和字符型

  D．数值型

（15）有如下赋值语句，结果为"大家好"的表达式是（　　）。

  a= "你好"
  b= "大家"

  A．b+AT（a，1）　　　　　　B．b+RIGHT（a，1）

  C．b+LEFT（a，3，4）　　　　D．b+RIGHT（a，2）

（16）设.null..AND..F.、.null..OR..F.、.null.=.null.分别是 Visual FoxPro 系统中的 3 个表达式，它们的值依次为（　　）。

  A．.null.，.null.，.null.　　　B．.F.，.null.，.null.

  C．.F.，.null.，.T.　　　　　D．.F.，.F.，.null.

（17）下列逻辑表达式中，结果为.F.的值是（　　）。

  A．MOD（20，4）= MOD（20，5）

B. "张"$"张三"

C. "张三"$"张"

D. {^2012.01.01} < {^2012.01.02}

（18）在以下 4 组中，每组有两个分别运算的函数或表达式，运算结果相同的是（　　）。

A. LEFT（[FoxPro]，3）与 SUBSTR（[FoxPro]，1，3）

B. YEAR（DATE()）与 SUBSTR（DTOC（DATE()），7，2）

C. VARTYPE（[36-4*5]）与 VARTYPE（36-4*5）

D. 假定 X=[this]，Y=[is a string]，则 X+Y 与 X-Y

做一做

1. 在"命令"窗口中依次输入下列命令，并观察输出结果。

（1）输入下列命令：

```
CLEAR ALL
Name="Mary"
? Name+" 你好!"
Mary="Miss "
? &Name+Name+" 你好!"
LIST MEMORY LIKE *
? "abc"=="ab" OR "abc"="ab","abc"=="ab" AND "abc"="ab"
? 6*2-7/8>17 AND "abc"<"ab" OR NOT 30>74/2
```

（2）设 NL=50，XB="女"，ZC="教授"，X=3，Y=4，Z=5，输入下列命令：

```
? NL<30  AND  XB=="男"
? NL>50  OR  XB="女"
? NOT (NL<60  AND  ZC="教授")
? X+Y>Z  AND  X<Z  OR  X>Y  AND  Y<Z
? "王"+ZC+"今年",NL+5,"岁"
```

（3）输入日期时间函数的操作命令：

```
SET CENTURY ON
? DATE()
?? DATE()+10,DATE()-10
SET CENTURY OFF
? DATE()
?? TIME()
? DATETIME()
? DATETIME()+100
? DATETIME()-{^2008/01/01 0:0:0}
```

2. 数组的操作。

（1）定义一个含有 5 个数组元素的一维数组 Q，执行赋值语句 Q=10，使用 DISPLAY

MEMORY LIKE * 命令查看各数组元素的赋值情况。

（2）分别将"10001"、"李丽"、{^2017/11/15}、457.5 和.T.依次赋给数组 Q 的各元素，并查看各数组元素的赋值情况。

（3）分别将数组 Q 定义为含有 7 个和 3 个数组元素的一维数组，并查看各数组元素的赋值情况。

（4）定义一个 2 行 3 列的二维数组 QA。

（5）将题（2）中的 5 个常量分别赋给数组 QA 的前 5 个数组元素，并查看各数组元素的赋值情况。

（6）分别用双下标和单下标，显示数组 QA 第 4 个元素的赋值情况。

3．利用 SUBSTR() 函数将字符串 "Microsoft" 中的字母倒序输出为 "tfosorciM"。

实训 2　结构化程序设计基础

跟我做

实训要求
- 学会结构化程序设计的基本方法
- 学会交互式命令的使用方法
- 能编写较简单的顺序、选择和循环结构的程序

实例 1　用 ACCEPT 命令输入一个"图书 ID"数据，在"图书"表中查找并显示该图书的记录信息。（提示：用 LIST 命令实现）

程序如下：

```
SET TALK OFF
USE 图书
ACCEPT "输入要查找的图书ID:" TO TS
LIST FOR 图书ID=TS
SET TALK ON
```

这是一个使用 ACCEPT 和 LIST 命令编写程序的例子，LIST 命令具有查找和显示记录的功能。使用 ACCEPT 命令接收一个字符型数据，输入数据不能加定界符。同时，注意不要把条件写成"TS=图书 ID"。

想一想

（1）如果将上例中的 ACCEPT 命令改为使用 INPUT 命令，程序运行时应如何输入数据？

（2）如果将上例中的 LIST 命令改为 SELECT 命令，应如何编写？

实例 2 用 INPUT 命令输入一个日期，在"借阅"表中查找该日期后借书的记录。

程序如下：

```
SET TALK OFF
INPUT "输入要查询的日期:" TO RQ
SELECT * FROM 借阅 WHERE 借书日期>RQ
USE
```

这是一个使用 INPUT 和 SELECT 命令编写程序的例子，使用 INPUT 命令接收一个日期型数据。例如，对于日期型数据 2017 年 8 月 31 日，在输入该数据时应输入{^2017/08/31}。使用 SELECT 命令在"浏览"窗口显示查询结果。

想一想

上例中能否将 INPUT 命令改为使用 ACCEPT 命令？

实例 3 从键盘上输入待查询的读者借书证号，显示该读者的基本信息。

程序如下：

```
CLEAR
OPEN DATABASE books
USE 读者
ACCEPT "输入读者借书证号:" TO ZH
LOCATE FOR 借书证号=ZH
IF NOT EOF()
      ? "读者姓名:"+姓名
  ? "性别:"+性别
    ? "出生日期:"+DTOC(出生日期)
    ? "工作单位:"+单位
ELSE
    ? "查无此人!"
ENDIF
CLOSE DATABASE
RETURN
```

这是一个使用 IF…ELSE…ENDIF 语句编写程序的例子，通过该实例可以掌握程序执行的顺序，以及使用？命令显示数据和打开数据库表的方法。

想一想

如果将上例程序中的"？"读者姓名:"+姓名"语句修改为"？"读者姓名:"，+姓名"语句，程序结果不变，但两个语句的含义是否相同？

实例 4 用 DO CASE…ENDCASE 多分支结构编写程序，计算下列分段函数：

$$f(x)=\begin{cases} e^2 & x\leqslant 0 \\ x^2+7 & 0<x\leqslant 5 \\ 10x-2 & 5<x\leqslant 10 \\ x^3-5 & 10<x\leqslant 20 \\ 3x+1 & x>20 \end{cases}$$

程序如下：

```
SET TALK OFF
INPUT "输入 x 的值:" TO x
DO CASE
   CASE x<=0
      ? EXP(2)
   CASE x<=5
      ? x*x+7
   CASE x<=10
      ? 10*x-2
   CASE x<=20
      ? x*x*x-5
   OTHERWISE
      ? 3*x+1
ENDCASE
SET TALK ON
```

这是一个使用 DO CASE…ENDCASE 结构语句编写多分支程序的例子，编程时要注意条件的书写顺序和表达式的书写方法。

想一想

如果把程序中的 CASE 条件语句的次序颠倒过来，即

```
DO CASE
   CASE x<=20
      ? x*x*x-5
   CASE x<=10
      ? 10*x-2
   CASE x<=5
      ? x*x+7
   CASE x<=0
      ? EXP(2)
   OTHERWISE
      ? 3*x+1
ENDCASE
```

程序运行结果是否正确？为什么？

实例 5　编程计算 50～200 之间的奇数和。

程序如下：

```
SET TALK OFF
S=0
FOR N=51 TO 200 STEP 2
S=S+N
ENDFOR
? "S=",S,"N=",N
SET TALK ON
```

这是一个使用 FOR...ENDFOR 循环编写的程序。在这个程序中要注意循环控制变量的递增（步长），每次递增 2。

想一想

（1）如果程序中循环控制变量步长为 1，应如何修改程序？

（2）使用 DO WHILE ... ENDDO 如何循环实现该功能？

实例 6　编程计算 50～200 之间的奇数和，要求程序中使用 LOOP 语句。

程序如下：

```
SET TALK OFF
S=0
FOR N=51 TO 200
IF MOD(N,2)=0
LOOP
ENDIF
S=S+N
ENDFOR
? "S=",S,"N=",N
SET TALK ON
```

这是一个使用 FOR...ENDFOR 循环的例子，强调 LOOP 语句的使用。当 N 为偶数时，条件 MOD（N，2）=0 成立，执行 LOOP 语句后返回 FOR 语句，使它后面的 S=S+N 语句得不到执行。

想一想

条件 MOD（N，2）=0，如果使用 INT() 函数应如何改写？

实例 7　编程计算 50～200 之间的奇数和，要求程序中使用 EXIT 语句。

程序如下：

```
SET TALK OFF
```

```
CLEAR
S=0
N=51
DO WHILE .T.
  S=S+N
  N=N+2
  IF N>=200
    EXIT
  ENDIF
ENDDO
? "S=",S
SET TALK ON
```

在这个循环结构的例子中，强调 EXIT 语句的使用、EXIT 语句中断循环的执行。当执行到该语句时，不论循环条件是否成立，都跳出循环，执行 ENDDO 后面的语句。

实例 8 通过键盘输入读者的借书证号，在"读者"表和"借阅"表中查找该读者及借书的有关信息。

程序如下：

```
OPEN DATABASE books
DO WHILE .T.
ACCEPT "请输入借书证号:" TO ZH
SELECT * FROM 读者,借阅 WHERE 读者.借书证号=借阅.借书证号;
AND 读者.借书证号=ZH
WAIT "继续查询(Y/N)?" TO YN
IF UPPER(YN)<>"Y"
EXIT
ENDIF
ENDDO
CLOSE DATABASE
```

这个例子通过 SELECT 查询语句实现两个表的关联和数据查询，同时可以连续查询多条记录。

想一想

上例不使用 SELECT 语句而直接建立两个表间的关联，再进行查询，应如何编写程序？

实例 9 编写一个双重循环结构的程序，要求从键盘输入 9 个数，按从小到大的顺序排列并显示出来。

程序如下：

```
SET TALK OFF
```

```
DIMENSION  A(9)              &&定义一个数组
*给数组赋初值
FOR I=1 TO 9
    ? "第",I,"个数:"
    INPUT  TO  A(I)
ENDFOR
*将数组元素按从小到大的顺序排序
FOR I=1 TO 8
    FOR J=I+1 TO 9
        IF A(I)>A(J)          &&交换两个数
            T=A(I)
            A(I)=A(J)
            A(J)=T
        ENDIF
    ENDFOR
ENDFOR
*输出排序后的结果
FOR I=1 TO 9
    ?? A(I)
ENDFOR
RETURN
```

这是一个使用双重循环和数组的例子，在这个例子中介绍了一种排序的算法，也可以用 DO WHILE … ENDDO 循环来实现。

练一练

1. 填空题

（1）编写 Visual FoxPro 6.0 程序文件（命令文件）的命令是_____。

（2）有如下一段程序：

```
INPUT "请输入当前日期:"  TO  RQ
? RQ+5
```

在执行以上计算命令时，应该输入_____，显示结果是 10/28/2017。

（3）阅读下列程序：

```
CLEAR
INPUT "A=" TO A
INPUT "B=" TO B
X=A
IF A<B
    X=B
ENDIF
```

? X

运行该程序后，从键盘输入 20 和 30，则显示的结果是＿＿＿＿＿＿。

（4）阅读下列程序：

```
STORE 0 TO X,Y
USE 图书
SCAN
 IF 单价>20 AND 单价<25
      LOOP
    ENDIF
    IF 单价<=20
       X=X+1
    ENDIF
    Y=Y+1
ENDSCAN
? Y
RETURN
```

此程序实现的功能是＿＿＿＿＿＿＿＿＿＿＿＿。

（5）阅读下列程序：

```
M=1
DO WHILE M<5
 N=1
 ?? M
 DO WHILE N<=M
     TT=N+M
     N=N+1
 ENDDO
 ?
 M=M+1
ENDDO
RETURN
```

此程序运行的结果是＿＿＿＿＿。

（6）下列程序的功能是计算 1～100 所有整数的平方和并输出结果，请填空。

```
S=0
_____
DO WHILE X<100
_____
_____
ENDDO
? S
RETURN
```

（7）有"图书"表、"读者"表和"借阅"表，下面程序的功能是显示已借书读者的"借书证号""姓名""单位"，以及借阅图书的"书名""单价""借书日期"，请填空。

程序如下：
```
SET TALK OFF
SELECT 1
USE 读者
INDEX ON 借书证号 TO JSZH
SELECT 2
USE 图书
INDEX ON 图书ID TO TU
SELECT 3
USE 借阅
SET RELATION TO 借书证号 INTO A
SET RELATION TO 图书ID INTO B ADDI
LIST 借书证号,_____
CLOSE ALL
RETURN
```

（8）下列程序的功能是计算 $S=1!+2!+\cdots+10!$ 的值，完成程序填空。
```
CLEAR
S=0
FOR N=1 TO 10
    P=1
    FOR I=1 TO N
        _____
    ENDFOR
    _____
ENDFOR
?"SUM=",S
```

2．选择题

（1）Visual FoxPro 6.0 中的 DO CASE…ENDCASE 语句属于（　　）。

　　A．顺序结构　　　　　　　　B．循环结构
　　C．分支结构　　　　　　　　D．模块结构

（2）执行命令"INPUT "请输入数据："TO AA"时，如果要通过键盘输入字符串，应使用的定界符包括（　　）。

　　A．单引号　　　　　　　　　B．单引号或双引号
　　C．单引号、双引号或方括号　　D．单引号、双引号、方括号或圆点

（3）不能使用 LOOP 和 EXIT 语句的基本程序结构是（　　）。

　　A．DO WHILE…ENDDO　　　B．FOR…ENDFOR

C. SCAN…ENDSCAN   D. IF…ENDIF

（4）执行如下程序，如果输入 M 值为 5，则最后 P 的输出值为（　　）。

```
P=0
K=1
INPUT "M=" TO M
DO WHILE P<=M
 P=P+1
 K=K+1
ENDDO
? P
```

A. 1   B. 3   C. 5   D. 6

（5）执行如下程序，最后 s 的显示值为（　　）。

```
SET TALK OFF
s=0
i=5
x=11
DO WHILE s<=x
s=s+i
i=i+1
ENDDO
?s
SET TALK ON
```

A. 5   B. 11   C. 18   D. 26

（6）设班级号字段为字符型，下面程序的运行结果是（　　）。

```
USE 学生
INDEX ON 班级号 TO BJH
SEEK "1702"
DO WHILE NOT EOF()
DISPLAY
SKIP
ENDDO
```

A. 屏幕上显示学生表中所有班级号为 1702 的记录

B. 屏幕上显示学生表中从班级号 1702 开始一直到表末尾的所有记录

C. 屏幕上显示学生表中的所有记录

D. 程序出错

（7）执行定义数组命令 DIMENSION A（3），则语句 A=3 的作用是（　　）。

A. 对 A（1）赋值为 3

B. 对每个元素均赋相同的值 3

C. 对简单变量 A 赋值 3，与数组无关

D. 语法错误

（8）设有如下程序文件：

```
SET TALK OFF
CLEAR
DIMENSION a(2,3)
i=1
DO WHILE i<=2
j=1
DO WHILE j<=3
a(i,j)=i+j
?? a(i,j)
j=j+1
ENDDO
?
i=i+1
ENDDO
SET TALK ON
RETURN
```

执行此程序，程序的运行结果为（ ）。

A. 2 3 4　　　B. 1 2 3　　　C. 1 2 3　　　D. 2 3 4
　　3 4 5　　　　　3 4 5　　　　　2 4 6　　　　　4 5 6

3. 完成程序题

（1）选择适当的内容填充，使下面程序段的功能和语句 Y=IIF（X=0，0，IIF（X>0，1，-1））等效。

```
IF_____
    Y = 1
ELSE
    IF X = 0
    _____
    ELSE
    _____
    ENDIF
ENDIF
```

（2）分析下列程序，写出运行结果。

```
CLEAR
P = 0
FOR N = 1 TO 49
IF N>10
```

```
        EXIT
      ENDIF
      IF MOD(N,2)= 0
      P = P+N
      ENDIF
    ENDFOR
    ? "P=",P
    RETURN
```

执行上述程序，运行结果是：_____。

做一做

1．通过键盘输入 10 个数，找出其中的最大数和最小数。

2．逐条显示"图书"表中的记录，每条记录显示 5s 后继续。

3．编程统计"读者"表中男、女读者人数。

4．编写程序，将"借阅"表中借书日期超过一年且还没有归还的记录的"标记"字段填充"*"。

实训 3　子程序和过程文件

跟我做

实训要求

● 学会编写子程序和过程文件

● 能调用子程序和过程文件

实例 1　编写一个子程序计算 N!，在主程序中通过键盘输入正整数 N，调用该子程序计算阶乘。

程序如下：

```
*主程序 JC.prg
SET TALK OFF
CLEAR
INPUT "N=" TO N
DO JC1
? "N!=",N
RETURN
*子程序 JC1.prg
*计算 N!的阶乘
STORE 1 TO L,K
FOR L=1 TO N
```

```
        K=K*L
    ENDFOR
    N=K
    RETURN
```

这是一个主程序调用子程序的例子，子程序用来计算阶乘（N 的值不要太大，否则将发生数据溢出）。初学者要学会编写主程序和子程序及调用子程序的方法。

实例 2　分析程序之间的调用关系。

程序如下：

```
SET PROCEDURE TO SUB
? "调用 SUB1 过程:"
DO SUB1
? "调用 SUB1 过程:"
? SUB1()
? "调用 SUB2 过程:"
? SUB2()
? "调用 SUB2 过程:"
SUB2()
? "调用 SUB3 过程:"
DO SUB3

CLOSE PROCEDURE

*SUB.prg
PROCEDURE SUB1
? "3*5=",15
RETURN " 3*5"
PROCEDURE SUB2
RETURN 20
PROCEDURE SUB3
X=SUB1()
?X
RETURN
```

运行主程序后，结果如下。

```
SUB1 子程序:
调用 SUB1 过程:
3*5= 15
调用 SUB1 过程:
3*5= 15   3*5
调用 SUB2 过程:
20
调用 SUB2 过程:
```

调用 SUB3 过程：
3*5= 15
3*5

从运行结果可以看出，调用过程可以有多种方式，其中各调用命令说明如下。

DO SUB1：调用过程 SUB1，但不显示 RETURN 的返回值（"3*5"）。

? SUB1()：调用过程 SUB1，并显示 RETURN 的返回值。

SUB2()：调用过程 SUB2，但不显示 RETURN 的返回值（20）。

X=SUB1()：调用过程 SUB1，并把 RETURN 的返回值（"3*5"）赋给变量 X。

练一练

1. 填空题

（1）关闭过程文件可以用命令_____、_____或_____。

（2）下列主程序 MAIN.prg 和子程序 SUB1.prg 用于计算 $W=f(x_1)+f(x_2)+f(x_3)$ 的值，其中 $f(x)=x^2+1$。

```
*MAIN.prg                    *SUB1.prg
INPUT "x1=" TO x1            Y=X^2+1
INPUT "x2=" TO x2            RETURN
INPUT "x3=" TO x3
STORE 0 TO W,Y
_____
DO SUB1
_____
x=x2
DO SUB1
W=W+Y
_____
DO SUB1
_____
? "W=",W
RETURN
```

2. 选择题

（1）以下有关过程文件的叙述，正确的是（   ）。

　　A．先用 SET PROCEDURE TO 命令关闭原来已打开的过程文件，然后用 DO <过程名> 执行

　　B．可直接用 DO <过程名> 执行

　　C．先用 SET PROCEDURE TO <过程文件名>命令打开过程文件，然后用 USE <过程名> 执行

D. 先用 SET PROCEDURE TO <过程文件名>命令打开过程文件，然后用 DO <过程名> 执行

（2）运行 MAIN.prg 程序后的结果是（　　）。

```
*MAIN.prg                    *SUB.prg
SET TALK OFF                 A=10
CLEAR                        B=20
A=1                          RETURN
B=2
DO SUB
? A,B
RETURN
```

A. 1   2　　　　B. 0   0　　　　C. 10   20　　　　D. 以上都不对

（3）运行 PR.prg 程序后的结果是（　　）。

```
*PR.prg                      *PROC1.prg
SET TALK OFF                 PROCEDURE P1
X=5                          X=X*5
Y=10                         Y=Y+5
SET PROCEDURE TO PROC1       RETURN
DO P1                        PROCEDURE P2
? X,Y                        X=10
DO P2                        Y=X+20
? X,Y                        RETURN
SET PROCEDURE TO
```

A. 15   25　　　B. 25   15　　　C. 5   10　　　D. 25   15
　　30   10　　　　　10   30　　　　10   20　　　　25   15

（4）下列关于过程文件的说法中，错误的是（　　）。

A. 过程文件的建立可以使用 MODIFY COMMAND 命令

B. 过程文件的默认扩展名为.PRG

C. 在调用过程文件中的过程之前不必打开过程文件

D. 过程文件只包含过程，可以被其他程序所调用

（5）有如下程序：

```
***主程序:P.prg              ***子程序:P1.prg***
SET TALK OFF                 X2=X2+1
STORE 2 TO X1,X2,X3            DO P2
X1=X1+1                      X1=X1+1
  DO P1                      RETURN
? X1+X2+X3                   ***子程序:P2.prg***
RETURN                       X3=X3+1
```

RETURN TO MASTER

执行命令 DO P 后，屏幕显示的结果为（　　）。

  A．3   B．4   C．9   D．10

做一做

1．编写一个子程序计算 N 的阶乘，在主程序中计算 3!+5!+7!+9!+11!。

2．编写主程序，通过调用过程分别显示读者借阅图书的情况或已借阅图书的信息。

实训 4　参数传递及自定义函数

跟我做

实训要求

- 学会程序调用与参数传递的方法
- 能编写简单的自定义函数
- 学会调用自定义函数的方法

实例 1　利用子程序和参数传递，计算 10!+15!+20!。

程序如下：

```
*主程序H.prg
CLEAR
S=0
FOR I=10 TO 20 STEP 5
    J=I
DO JC WITH J
S=S+J
ENDFOR
? "S=",S
RETURN
*子程序JC.prg
*计算N!
PARAMETER N
STORE 1 TO L,K
FOR L=1 TO N
    K=K*L
ENDFOR
N=K
RETURN
```

在这个例子中，主要应理解主程序中的实参 J 与子程序中的形参 N 之间的传递。在参数调用时，实际参数和形式参数的个数必须相同，类型一致，一一对应，特别要注意参数调用后实际参数值的变化。

通过主程序输入一个整数，由过程 JSJC 来计算该整数的阶乘。过程 JSJC 计算阶乘是通过递归调用的方法实现的。

实例 2　调试下列程序并分析运行结果。

程序如下：

```
*MAIN.PRG                          *SUB.PRG
SET PROCEDURE TO SUB               PROCEDURE S1
STORE  8  TO  L,H                  PARAMETERS M,N,P
STORE  0  TO  AREA                 P=M*M+N
DO  S1 WITH  L,H,AREA              RETURN
   ? AREA
DO  S1 WITH  6,5+2,AREA
   ? AREA
SET PROCEDURE TO
```

运行结果如下：

```
72
43
```

通过调试程序，分析程序结构和功能。在调用程序之间进行参数传递时，实参可以是常量、变量、表达式等。

实例 3　定义一个计算圆面积的函数，函数名为 UDF。

程序如下：

```
FUNCTION  UDF(R)
S=3.14*R*R
RETURN  S
ENDFUNC
```

通过本例要学会自定义函数的编写方法。

实例 4　分别用?、STORE 和 DO 命令来调用实例 3 中定义的 UDF 函数。

假设圆的半径为 10，可以通过以下几种方法来调用函数：

```
(1) ? UDF(10)                      &&常量
(2) L=10
    ? UDF(L)                       &&变量
(3) STORE  UDF(10) TO  L
    ? L
(4) DO  UDF  WITH  10              &&由于没有显示命令，故结果不能被显示
```

实例 5 编写主程序调用 UDF 函数，计算圆半径为 10～20（步长为 1）的圆面积。

程序如下：

```
CLEAR
FOR I=10 TO 20
  ? UDF(I)
ENDFOR
FUNCTION UDF(R)
S=3.14*R*R
RETURN S
ENDFUNC
```

练一练

1. 填空题

（1）要调用过程文件 ABC.prg 中的一个过程 AB，必须首先用_____命令打开这个过程文件，然后再用_____命令运行。

（2）有 TT.prg 和 SS.prg 两个程序：

```
*主程序 TT.prg                *SS.prg
PUBLIC A                     PRIVATE C
A=3                          A=A+1
B=4                          B=10
C=5                          C=20
DO SS                        D=30
? "2.A,B,C,D=",A,B,C,D       ? "1.A,B,C,D=",A,B,C,D
RETURN                       RETURN
```

运行 TT 的结果是_____。

（3）有 MT.prg 和 MS.prg 两个程序：

```
*主程序 MT.prg                *MS.prg
A=4                             PARAMETERS X,Y
B=5                             Y=X*Y
DO LI1 WITH 3*A,B               ? "Y="+STR(Y,4)
? "A=",A,"B=",B                 RETURN
RETURN
```

运行 MT 的结果是_____。

（4）有如下程序：

```
X=10
Y=35
Z=JH(X,Y)
? Z
```

```
        RETURN
        FUNCTION JH
        PARAMETERS A,B
        A=A-B
        RETURN A
```

运行是_____。

2．选择题

（1）有下面的程序：

```
        PARAMETERS A,N
        A=0
        K=1
        DO  WHILE K<=N
            A=A+K
            K=K+1
        ENDDO
        RETURN
```

调用程序中与形参 A 对应的实参应该是（　　）。

  A．变量　　　　　　B．常量　　　　　　C．表达式　　　　　D．都可以

（2）下列关于带参调用过程的说法，正确的是（　　）。

  A．实际参数必须都是内存变量

  B．实际参数必须都是常数

  C．形式参数可以是常数、变量或表达式

  D．形式参数与实际参数的个数必须相等

（3）自定义函数的返回值（　　）。

  A．省略返回值默认为.T.　　　　　　B．可以有两个

  C．可以有多个　　　　　　　　　　D．省略返回值默认为.F.

（4）下列关于接收参数和传送参数的说法中，正确的是（　　）。

  A．接收参数的语句 PARAMETERS 可以写在程序中的任意位置

  B．通常传送参数的语句 DO-WITH 和接收参数的语句 PARAMETERS 不必搭配成对，可以单独使用

  C．传送参数和接收参数的排列顺序与数据类型必须一一对应

  D．传送参数和接收参数的名字必须相同

（5）在命令窗口中执行了命令 X=5，则默认该变量的作用域是（　　）。

  A．全局　　　　　　B．局部　　　　　　C．私有　　　　　　D．不确定

做一做

1. 编写一个子程序计算矩形的面积，在主程序中由键盘输入两个数，为矩形的两个边长，调用子程序计算矩形的面积。

2. 由键盘输入 4 个数，显示其中的最大值，要求使用自定义函数求最大值。

3. 编写一个自定义函数 FX，计算 $f(x)=e^x+3x+10$ 的值，再编写一个主程序调用 FX 函数，分别计算变量 x 为 5～10（步长为 1）的函数值。

附录 A

Visual FoxPro 学业质量检测试题一

一、填空题（每空 1 分，共 10 分）

1．Visual FoxPro 中的表分为自由表和_____。

2．在命令窗口打开表设计器的命令是_____。

3．从关系表中抽取指定列的操作称为_____。

4．打开一个表时，_____索引文件将自动打开，表关闭时它将自动关闭。

5．参照完整性规则包括插入规则、更新规则和_____。

6．若要给"职工"表中所有职工工资增加 800 元，实现其功能的 SQL 语句为：
Update 职工 _____。

7．从"职工"表中求"研发"处所有职工的工资总和：
Select _____（工资） From 职工 Where 部门="研发"

8．表单上有一个文本框和一个命令按钮（显示），当右键单击"显示"按钮时，在文本框中显示系统日期，则应设置 Command1 的_____事件代码为：

Thisform.Text1.Value=Time()

9．假定现有一个选项按钮组，有 5 个选项按钮，如果用户选择了第 3 个按钮，则选项按钮组的 Value 属性值为_____。

10．在 For…Next 循环结构中，如果省略步长值，则系统默认步长值为_____。

二、选择题（每小题 2 分，共 60 分）

1．不属于基本关系运算的是（　　）。
　　A．选择　　　　B．投影　　　　C．排序　　　　D．连接

2．命令 DISPLAY FOR 性别="男"，在数据库关系运算中对应（　　）。
　　A．选择运算　　B．投影运算　　C．连接运算　　D．过滤运算

3．Visual FoxPro 是一种关系型数据库管理系统，所谓关系是指（　　）。
　　A．表中各记录之间的联系　　　　B．数据模型满足一定条件的二维表格

C．表中各个字段之间的联系　　　　D．一个表与另一个表之间的联系

4. 设 a=2、b=3、c=4，下列表达式的值为逻辑真的是（　　）。
   A．12/a+2=b^2　　　　　　　　　B．3>2*b or a=c and b<>c or a>b
   C．a*b<>c+3　　　　　　　　　　D．a>b and b<=c or 3*a>2*c

5. 以下关于视图的描述正确的是（　　）。
   A．视图保存在项目文件中　　　　　B．视图保存在数据库中
   C．视图保存在表文件中　　　　　　D．视图保存在视图文件中

6. 在 Visual FoxPro 中，可以对字段设置默认值的表（　　）。
   A．必须是数据库表　　　　　　　　B．必须是自由表
   C．是自由表或数据库表　　　　　　D．不能设置字段的默认值

7. 一个数据库表只能建立一个，且值不允许重复的索引是（　　）。
   A．唯一索引　　B．普通索引　　C．主索引　　D．候选索引

8. 在 SQL 语句中，与表达式"工资 BETWEEN 5000 AND 8000"功能相同的表达式是（　　）。
   A．工资>=5000 and 工资>=8000　　B．工资>=5000 or 工资>=8000
   C．工资>=5000 and 工资<=8000　　D．工资>=5000 or 工资<=8000

9. 在 Visual FoxPro 中，表单是指（　　）。
   A．数据库中各个表的清单　　　　　B．一个表中各个记录的清单
   C．窗口界面　　　　　　　　　　　D．数据库查询的列表

10. 有关控件对象的 Dblclick 事件的正确叙述是（　　）。
    A．用鼠标双击对象时引发　　　　　B．用鼠标单击对象时引发
    C．用鼠标右击对象时引发　　　　　D．用鼠标三击对象时引发

11. 要在文本框中输入密码，应设置文本框的（　　）属性。
    A．Password　　　　　　　　　　　B．Name
    C．Value　　　　　　　　　　　　 D．Passwordchar

12. 下列属性中，每个控件都有的是（　　）。
    A．Caption　　　　　　　　　　　 B．Controlsource
    C．Name　　　　　　　　　　　　　D．Picture

13. 在使用菜单设计器设计菜单时，输入建立的菜单名后，若要执行一段程序，应在结果中选择（　　）。
    A．填充名称　　B．过程　　C．子菜单　　D．命令

14. 当前表单的 Label1 控件中显示系统时间的语句是（　　）。
    A．Thisform.label1.caption=time()　B．Thisform.label1.value=time()
    C．Thisform.label1.text=time()　　 D．Thisform.label1.control=time()

15. 在 Visual FoxPro 中创建含备注字段的表和表的结构复合索引文件后，系统自动生成

的 3 个文件的扩展名为（　　）。

  A．.PJX、.PJT、.PRG   B．.DBF、.CDX、.FPT

  C．.FPT、.FRX、.FXP   D．.DBC、.DCT、.DCX

16．有关查询与视图，下列说法中不正确的是（　　）。

  A．查询是只读型数据，而视图可以更新数据源

  B．查询可以更新源数据，视图也有此功能

  C．视图具有许多数据库表的属性，利用视图可以创建查询和视图

  D．视图可以更新源表中的数据，存在于数据库中

17．在 Visual FoxPro 系统中，创建下列哪个对象时，将不以独立的文件形式存储？（　　）

  A．查询   B．视图   C．类库   D．表单

18．在 Visual FoxPro 系统中，表的结构取决于（　　）。

  A．字段的个数、名称、类型和长度

  B．字段的个数、名称、顺序

  C．记录的个数、顺序

  D．记录和字段的个数、顺序

19．为了在报表中打印当前时间，应该插入一个（　　）。

  A．表达式控件   B．域控件   C．标签控件   D．文件控件

20．为项目添加数据库或自由表，选用的选项卡是（　　）。

  A．数据   B．信息   C．报表   D．表单

21．扩展名为 mpr 的文件是（　　）。

  A．菜单文件   B．菜单程序文件

  C．菜单备注文件   D．菜单参数文件

22．内存变量一旦定义后，可以改变的是（　　）。

  A．类型和值   B．值   C．类型   D．宽度

23．页框控件也称作选项卡控件，在一个页框中可以有多个页面，页面个数的属性是（　　）。

  A．Count   B．Page   C．Num   D．PageCount

24．在 Visual FoxPro 中，已经建立了一个过程文件 abc.prg，打开此过程文件的命令是（　　）。

  A．OPEN PROCEDURE TO abc   B．DO PROCEDURE abc

  C．SET PROCEDURE TO abc   D．RUN PROCEDURE abc

25．在 SQL 查询时，使用 where 子句指出的是（　　）。

  A．查询目标   B．查询结果   C．查询条件   D．查询视图

26．查询设计器中的"字段"选项卡对应于 SQL 语句中的（　　）。

  A．SELECT   B．ORDER BY   C．WHERE   D．JOIN

27．在报表设计器中，可以使用的控件为（　　）。

　　A．标签、域控件和线条　　　　B．标签、域控件和列表框

　　C．标签、文本框和组合框　　　　D．文本框、布局和数据源

28．要使命令按钮有效，应设置该命令按钮的（　　）。

　　A．Visible 属性值为.T.　　　　B．Visible 属性值为.F.

　　C．Enabled 属性值为.T.　　　　D．Enabled 属性值为.F.

29．在 Visual FoxPro 中，运行表单 T1.scx 的命令是（　　）。

　　A．DO T1　　　　　　　　　　B．RUN FORM T1

　　C．DO FROM T1　　　　　　　D．DO FORM T1

30．连编后可以脱离开 Visual FoxPro 独立运行的程序是（　　）。

　　A．app 程序　　　B．exe 程序　　　C．fxp 程序　　　D．prg 程序

三、判断题（正确的在题后括号中打√，错误的打×，每小题 1 分，共 10 分）

1．表中"工资"字段为数值型，若整数部分 5 位，小数部分 2 位，则给该字段分配 7 位宽度即可。　　　　　　　　　　　　　　　　　　　　　　　　　　　　　（　　）

2．可以在项目管理器中将自由表添加到数据库中。　　　　　　　　　　　（　　）

3．在数据库中建立关联，子表必须先建立索引，父表可建也可不建索引。　（　　）

4．查询设计器默认的查询去向是浏览窗口。　　　　　　　　　　　　　　（　　）

5．表单可用于数据库信息的显示、输入和编辑。　　　　　　　　　　　　（　　）

6．在表单设计中，可以使用表单控件工具栏向表单上添加控件对象。　　　（　　）

7．在项目管理器中新建一个报表文件，应选择管理器的"文档"选项卡。　（　　）

8．如果不使用"报表向导"或"快速报表"设计报表，可以从空白报表布局开始，然后向报表上添加控件。　　　　　　　　　　　　　　　　　　　　　　　　　　（　　）

9．在 Visual FoxPro 系统中，表中的字段是一种变量。　　　　　　　　　（　　）

10．在分支（条件）语句结构中，IF 和 ENDIF 语句之间必须有 ELSE 语句。（　　）

四、操作题（每小题 2 分，共 10 分）

数据库中现有学生表，其结构如下：学生表（学号（C，6）、姓名（C，8）、性别（C，2）、年龄（N，2）、数学（I）、语文（I）、班级（C，6））。用 SQL 语句完成下列各小题的操作。

1．列出表中所有的记录；

2．列出年龄在 18～20 之间的所有女学生的信息；

3．查询数学成绩在前三名的学生的信息；

4．列出各个班级数学、语文的平均分；

5．统计数学成绩及格的人数（及格分数为 70）。

五、完成下列程序（共 10 分）

1．写出下列程序运行的结果（2 分）。

```
CLEAR
FOR I=1 TO 10 STEP 5
? I
ENDFOR
```

2. 下列程序用来求 0~50 之间的偶数之和，请将它写完整（4 分）。

```
N=0
S=0
DO WHILE N<=50
N=N+1
IF N%2=1
_____
ELSE
_____
ENDIF
ENDDO
? S
```

3. 编写程序，计算 1+1/2+1/3+1/4+…+1/99+1/100 的值（4 分）。

附录 B

Visual FoxPro 学业质量检测试题二

一、填空题（每空1分，共10分）

1．数据库的3种基本模型分别是层次模型、网状模型和_____。

2．如果某记录的备注型字段不为空，在浏览记录时，该字符标记为_____。

3．在 Visual FoxPro 中，索引分为主索引、_____、唯一索引和普通索引。

4．将"职工"表中所有工程师的记录逻辑删除，实现其功能的 SQL 语句是：_____ From 职工 Where 职称="工程师"。

5．从"成绩"表中查询网络技术课程的最高分：

　　Select _____（网络技术） From 成绩

6．要在表单标签控件上显示系统日期，代码为：

　　thisform.label1.caption=_____。

7．如果要将表单上某选项按钮组的按钮设置为5个，应把选项按钮组的_____属性值设定为5。

8．如果要在报表中输出"学生"表中字段的内容，应使用_____带区。

9．恢复主菜单系统为默认的 Visual FoxPro 系统菜单状态的命令是_____。

10．在命令窗口运行菜单文件 AB 的命令是_____。

二、选择题（每小题2分，共60分）

1．支持数据库各种操作的软件系统是（　　）。

　　A．操作系统　　　　　　　　B．命令系统

　　C．数据库系统　　　　　　　D．数据库管理系统

2．在关系数据库中，实现表与表之间的联系是通过（　　）。

　　A．实体完整性规则　　　　　B．域完整性

　　C．参照完整性规则　　　　　D．用户自定义的完整性

3．以下赋值语句执行后，变量 A 的值不是日期型的是（　　）。

A．A=DATE() B．A={^2018-4-5}
C．A=CTOD("4/5/2018") D．STORE (4/5/2018) TO A

4．在 Visual FoxPro 中设置参照完整性规则时，如果设置为当更改父表中的主关键字或候选关键字字段时，自动更新所有相关子表记录中的对应值，应选（　　）。

A．忽略 B．级联 C．限制 D．任意

5．不属于 SQL 数据定义功能的是（　　）。

A．CREATE TABLE B．CREATE VIEW
C．ALTER TABLE D．UPDATE

6．在 SQL 查询语句中，要去掉查询结果中某字段的重复值，应该在 SELECT 后面该字段名前面使用（　　）。

A．DISTINCT B．WHERE C．HAVING D．TOP

7．关于报表的数据源，下列说法正确的是（　　）。

A．可以是自由表和其他报表 B．可以是自由表和数据库表
C．可以是自由表、数据库表和视图 D．可以是自由表、数据库表、查询和视图

8．假设已经生成了名为 MYMENU 的菜单文件，执行该菜单文件的命令是（　　）。

A．DO MYMENU B．DO MYMENU.MPR
C．DO MYMENU.PJX D．DO MYMENU.MNX

9．在 Visual FoxPro 中，为了将按钮的 CLICK 事件代码设置为表单从内存中释放（清除），需要将表单中的退出命令设置为（　　）。

A．THISFORM.REFRESH B．THISFORM.DELETE
C．THISFORM.HIDE D．THISFORM.RELEASE

10．下列选项中，不属于 SQL 数据定义功能的是（　　）。

A．SELECT B．CREATE C．ALTER D．DROP

11．为项目中添加表单，应该使用项目管理器的（　　）。

A．"代码"选项卡 B．"类"选项卡
C．"数据"选项卡 D．"文档"选项卡

12．下列表达式中，结果总是逻辑值的是（　　）。

A．算术运算表达式 B．字符运算表达式
C．日期运算表达式 D．关系运算表达式

13．如果一个数据库表的 DELETE 触发器设置为.F.，则不允许对该表的操作是（　　）。

A．修改记录 B．删除记录
C．增加记录 D．显示记录

14．表移出数据库后，仍然有效的是（　　）。

A．字段的有效性规则 B．表的有效性规则
C．字段的默认值 D．结构复合索引文件中的候选索引

15. 使用查询设计器生成的查询文件中保存的是（　　）。
    A．查询的命令　　　　　　　　B．与查询有关的基表
    C．查询的结果　　　　　　　　D．查询的条件
16. 查询订购单号（字符型，长度为 4）尾字符是"1"的命令错误的是（　　）。
    A．SELECT * FROM 订单 WHERE SUBSTR（订购单号，4）="1"
    B．SELECT * FROM 订单 WHERE SUBSTR（订购单号，4，1）="1"
    C．SELECT * FROM 订单 WHERE "1"$ 订购单号
    D．SELECT * FROM 订单 WHERE RIGHT（订购单号，1）="1"
17. 在当前表单的 LABEL1 控件中显示系统时间的语句是（　　）。
    A．THISFORM.LABEL1.CAPTION=TIME()
    B．THISFORM.LABEL1.VALUE=TIME()
    C．THISFORM.LABEL1.TEXT=TIME()
    D．THISFORM.LABEL1.CONTROL=TIME()
18. 在 Visual FoxPro 中释放和关闭表单的方法是（　　）。
    A．RELEASE　　B．CLOSE　　C．DELETE　　D．DROP
19. 使用 SQL 命令将学生表 STUDENT 中的学生年龄 AGE 字段的值增加 1，正确的是（　　）。
    A．REPLACE AGE WITH AGE+1
    B．UPDATE STUDENT AGE WITH AGE+1
    C．UPDATE SET AGE WITH AGE+1
    D．UPDATE STUDENT SET AGE=AGE+1
20. 在 Visual FoxPro 中，关于视图的正确叙述是（　　）。
    A．视图与数据库表相同，用来存储数据
    B．视图不能同数据库表进行连接操作
    C．在视图上不能进行更新操作
    D．视图是从一个或多个数据库表中导出的虚拟表
21. 以下所列各项属于命令按钮事件的是（　　）。
    A．Parent　　　B．This　　　C．ThisForm　　　D．Click
22. 在表单中为表格控件指定数据源的属性是（　　）。
    A．DataSource　　　　　　　　B．RecordSource
    C．DataFrom　　　　　　　　　D．RecordFrom
23. 下列不能作为查询输出格式的是（　　）。
    A．临时表　　　B．视图　　　C．标签　　　D．图形
24. SELECT 语句中的 GROUP BY 和 HAVING 短语对应的查询设计器上的选项卡是（　　）。

  A．字段   B．连接   C．分组依据   D．排序依据

25．在查询设计器中，选定"杂项"选项卡中的"无重复记录"复选框，与执行 SQL SELECT 语句中的（ ）等效。

  A．WHERE   B．JOIN ON   C．ORDER BY   D．DISTINCT

26．表单的 Name 属性用于（ ）。

  A．作为保存表单时的文件名   B．引用表单对象

  C．显示在表单标题栏中   D．作为运行表单时的表单名

27．在文本框的属性中要显示当前数据表中的"姓名"字段，应设置（ ）。

  A．Thisform.Text1.value=姓名

  B．Thisform.Text1.controlsource=姓名

  C．Thisform.Text1.value="姓名"

  D．Thisform.Text1.controlsource="姓名"

28．如果要更改表中数据的类型，应在表设计器的（ ）选项卡中进行。

  A．字段   B．表   C．索引   D．数据类型

29．设置字段级规则时，"字段有效性"框的"规则"中应输入（ ）表达式。

  A．字符串   B．逻辑   C．由字段决定   D．数值

30．下面对控件的描述正确的是（ ）。

  A．用户可以同时选中一个表单上的多个控件

  B．用户可以在列表框中进行多重选择

  C．用户可以在一个选项组中选中多个选项按钮

  D．用户对一个表单内的一组复选框只能选中其中一个

三、判断题（正确的在题后括号中打√，错误的打×，每小题 1 分，共 10 分）

1．空值的含义相当于空字符串或数值 0。（ ）

2．如果一个班只能有一个班长，而且一个班长不能同时担任其他班的班长，则班级和班长两个实体之间的关系属于一对一联系。（ ）

3．索引是改变表的物理顺序，排序是排列表的逻辑顺序。（ ）

4．表关闭时，单索引文件和结构复合索引文件会自动关闭。（ ）

5．如果要在屏幕上直接看到查询的结果，在查询去向中应选择浏览或屏幕。（ ）

6．使用 SET RELATION 命令建立两个表间的关联时，这种关联是永久性关联。（ ）

7．视图是从一个或多个数据库表导出的虚拟表。（ ）

8．在使用 SQL 进行多表查询时，多表的连接分为内连接、左连接、右连接和完全连接。（ ）

9．选项按钮组的 Value 初值设置为 0，表示没有按钮被选中。（ ）

10. 报表包括数据源和布局两个基本组成部分。 （ ）

四、操作题（每小题 2 分，共 10 分）

有学生表，其结构如下：学生（学号（C，6）、姓名（C，8）、语文成绩（I）、数学成绩（I）、班级（C，6））。用 SQL 语句完成下列各小题的操作。

1．查询数学、语文成绩都在 60 分以下的学生姓名；

2．按数学成绩降序查询全部学生信息；

3．按班级查询数学、语文成绩的平均分；

4．计算每个人的总成绩（总成绩=语文成绩+数学成绩）（假设总成绩字段已建立，并将计算结果放入该字段中）；

5. 将所有学生的数学成绩增加 5 分，查询时显示"数学"（只是查询显示时加 5 分，不修改表内实际的数据）。

五、完成下列程序（共 10 分）

1. 写出程序的运行结果（3 分）。
```
X=1.5
DO CASE
   CASE X>2
   Y=2
   CASE X>1
      Y=2
ENDCASE
```

2. 写出程序的运行结果（3 分）。
```
S=0
T=1
INPUT "N=" TO N
DO WHILE  S<=N
   S=S+T
   T=T+1
```

```
ENDDO
? S ,T
```

当输入 N 的值为 6 时，运行结果为：

3. 使用循环语句编程计算 1～10 之间的奇数和（4 分）。

附录 C

Visual FoxPro 学业质量检测试题三

一、填空题（每空 1 分，共 10 分）

1．Visual FoxPro 数据库文件的扩展名为_____。

2．在表结构中，逻辑型字段的宽度为_____。

3．执行"? Mod（10，3）"的结果是_____。

4．"学生"表和"成绩"表已经建立了参照完整性，如果删除"学生"表中的记录，该学生的所有成绩记录也自动全部删除，则两表之间的参照完整性设置为_____。

5．将"教师"表中的"姓名"字段名改为"教师姓名"：ALTER TABLE 教师_____姓名 TO 教师姓名。

6．命令按钮 Command1 的标题为"上一条"，应修改按钮的_____属性值。

7．单击 Command1 按钮，显示上一条记录，则应设置 Command1 的 Click 事件代码为：

```
Skip -1
ThisForm._____        &&刷新表单
```

8．在表单中，一个 OLE 绑定型控件利用表中的_____型字段显示一个 OLE 对象。

9．使用菜单设计器定义菜单，最后生成的菜单程序文件扩展名是_____。

10．如果主程序依次调用子程序 1、子程序 2、子程序 3，在子程序 3 中有 RETURN TO MASTER 语句，则由子程序 3 返回_____。

二、选择题（每小题 2 分，共 60 分）

1．下列关于数据库的描述中，不正确的是（　　）。

　　A．数据库是一个包容器，它提供了存储数据的一种体系结构

　　B．数据库表和自由表的扩展名都是.dbf

　　C．数据库表的表设计器和自由表的表设计器是不相同的

　　D．数据库表的记录保存在数据库中

2．利用向导创建数据库表时，应该（　　）。

　　A．在工具栏上单击向导按钮

B．在命令窗口执行 CREATE 命令

C．在表设计器中选择

D．在"新建"对话框中单击向导按钮

3．下列命令中，用于打开数据库设计器的是（　　）。

　　A．CREATE DATABASE　　　　B．OPEN DATABASE

　　C．SET DATABASE TO　　　　D．MODIFY DATABASE

4．将关系 S 中的一个属性 AA 的值限制在 20～40 之间，则这条规则属于（　　）。

　　A．参照完整性规则　　　　　　B．实体完整性规则

　　C．域完整性规则　　　　　　　D．不属于以上任何规则

5．如果指定参照完整性的删除规则为"限制"，则当删除父表中的记录时（　　）。

　　A．系统自动备份记录中被删除记录到一个新表中

　　B．若子表中有相关记录，则禁止删除父表中记录

　　C．会自动删除子表中所有相关记录

　　D．不进行参照完整性检查，删除父表记录与子表无关

6．下列控件中，属于输出类控件的是（　　）。

　　A．文本框　　　　B．微调按钮　　　C．标签　　　　D．编辑框

7．下列说法正确的是（　　）。

　　A．视图文件的扩展名为.vcx

　　B．查询文件中保存的是查询的结果

　　C．查询设计器实质上是 SQL-SELECT 语句的可视化设计方法

　　D．查询是基于表的并且是可更新的数据集合

8．在 Visual FoxPro 中，建立索引的作用之一是（　　）。

　　A．节省存储空间　　　　　　　B．便于管理

　　C．提高查询速度　　　　　　　D．提高查询和更新的速度

9．设"档案"数据表中有职工编号、姓名、年龄、职务、籍贯等字段，其中可作为关键字的字段是（　　）。

　　A．职工编号　　　　B．姓名　　　　C．年龄　　　　D．职务

10．与 .NOT.（n1 <= 60 .AND. n1 >= 18）等价的条件是（　　）。

　　A．n1>60 OR n1<18　　　　　B．n1>60 AND n1<18

　　C．n1<60 OR n1>18　　　　　D．n1<60 AND n1>18

11．用户打开一个数据表后，若要显示其中的记录，可以使用的命令是（　　）。

　　A．BROWSE　　　B．SHOW　　　C．VIEW　　　D．OPEN

12．以下说法错误的是（　　）。

　　A．字段有效性规则仅对当前字段有效

　　B．使用记录有效性规则可以校验多个字段之间的关系是否满足某种规则

C．如果输入的值满足字段有效性规则要求，则拒绝该字段值的输入

D．字段有效性规则在字段值改变时发生作用，记录指针移动时进行记录有效性规则检查

13．下列关于参照完整性的描述中，正确的是（　　）。

A．指输入到字段中的数据的类型或值必须符合某个特定的要求

B．指为记录赋予数据完整性规则，通过记录的有效性规则加以实施

C．指相关表之间的数据一致性，它由表的触发器实施

D．是指用户通过编写的程序代码来控制数据的完整性

14．设变量X=0.618，在执行命令"?ROUND（X，2）"后显示的结果是（　　）。

A．0.61　　　　B．0.62　　　　C．0.60　　　　D．0.618

15．若设置了某数据库表的插入触发器为.F.，则（　　）。

A．禁止在该表中修改记录的字段值

B．禁止在该表中添加记录

C．禁止在该表中删除记录

D．禁止在该表中插入新的字段

16．从表中检索或统计出所需的数据，这些数据是只读的，不可更新的是（　　）。

A．表　　　　B．视图　　　　C．表单　　　　D．查询

17．使用"查询设计器"设计查询时，以下不能作为查询输出类型的是（　　）。

A．数组　　　　B．屏幕　　　　C．临时表　　　　D．浏览

18．在表单上添加一个表或视图中的字段，以下所列的操作中错误的是（　　）。

A．将字段从"数据环境设计器"窗口中拖动到表单上

B．将字段从"数据库设计器"窗口中拖动到表单上

C．将字段从"项目管理器"窗口中拖动到表单上

D．将字段从"表设计器"窗口中拖动到表单上

19．在表单上创建一个复选框，可以将表中的（　　）型字段从"数据环境设计器"窗口中拖动到表单上。

A．备注　　　　B．数值　　　　C．通用　　　　D．逻辑

20．若要建一个有5个按钮的选项组，应将（　　）属性的值改为5。

A．OptionGroup　　　　　　B．ButtonCount

C．BoundColumn　　　　　D．ControlSource

21．对于数据绑定型控件，用于设置控件数据源的是（　　）。

A．RowSource　　　　　　B．RecordSource

C．ControlSource　　　　　D．DataSource

22．若选项按钮组的ControlSource属性设置为表的数值型字段，则在单击该选项按钮组中的选项按钮时，（　　）属性的内容被保存到表的字段中。

A．选项按钮的 Caption   B．选项按钮的 ControlSource

C．选项按钮组的 Value   D．选项按钮组的 ButtonCount

23．以下有关控件的叙述中，错误的是（　　）。

  A．表单上的计时器控件，在表单运行时不可见

  B．文本框与编辑框控件没有 Caption 属性

  C．复选框控件的 Value 属性值可以是 0、1、2

  D．标签控件的 Caption 属性值是一个字符型数据，其长度没有限制

24．页框（PageFrame）能包含的对象是（　　）。

  A．页面   B．列   C．标头   D．表单集

25．在表单上可以通过按 Alt 键和访问键来选择一个控件，访问键的设置方法是在 Caption 属性值中作为访问键的字母前加上一个（　　）。

  A．\-   B．\<   C．&   D．@

26．在 Visual FoxPro 中，以下有关报表的叙述错误的是（　　）。

  A．表和视图可以作为报表的数据源

  B．报表文件的扩展名为.frx，报表备注文件的扩展名为.frt

  C．列报表的布局是指在报表中多行打印一条记录数据

  D．在默认情况下，报表设计器中显示页标头、细节和页注脚带区

27．为增加菜单的可读性，可以用分隔线将菜单中内容相关的菜单项分隔成组。分隔线建立时，只需在"菜单名称"中输入（　　）即可。

  A．\<   B．&&   C．\-   D．$

28．字段的默认值保存在（　　）。

  A．表的索引文件中   B．数据库文件中

  C．项目文件中   D．表文件中

29．SQL 语句中 UPDATE 命令的功能是（　　）。

  A．数据定义   B．数据查询

  C．更新表中某些列的属性   D．修改表中某些列的内容

30．以下不能作为 Visual FoxPro 项目中的主文件的是（　　）。

  A．表单   B．查询   C．表   D．菜单

三、判断题（正确的在题后括号中打√，错误的打×，每小题1分，共10分）

1．Visual FoxPro 是一种基于关系模型建立的数据库管理系统。（　　）

2．2<xy<7 AND x<y 是 Visual FoxPro 中的合法的表达式。（　　）

3．随着表文件的打开而自动打开的索引文件是结构复合索引文件。（　　）

4．命令 SELECT 0 是指选择 0 号工作区作为当前工作区。（　　）

5．在数据工作期窗口建立的两个表之间的关联是临时性关联。（　　）

6. 建立视图之前必须先打开数据库。 （ ）

7. 在 SQL 的 ALTER TABLE 语句中增加字段的子句是 DROP。 （ ）

8. 计时器控件用于设置时间间隔的属性名是 Interval。 （ ）

9. 页框不是表单中的容器类控件。 （ ）

10. 循环结构 DO WHILE…ENDDO 中的 LOOP 语句的作用是终止循环，执行 ENDDO 后面的第一条语句。 （ ）

四、操作题（每小题 2 分，共 10 分）

数据表 ST 有学号、姓名、年龄、性别、民族、专业、成绩等字段，用 SQL 语句完成下列各小题的操作。

1. 在表中插入一个学生的记录（20180108，王瑞轩，男，17）；

2. 列出男生的平均年龄；

3. 列出所有姓"李"的学生的姓名、性别与年龄；

4．将少数民族（非汉族）学生的成绩提高 20 分；

5．删除成绩为空的记录。

五、完成下列程序（共 10 分）

1．写出下列程序的运行结果（2 分）。

```
   A=30
IF A>=10
S=0
ENDIF
S=1
? S
```

2. 下列程序的功能是求1～100之间所有整数的平方和并输出结果，请填空（4分）。

```
S=0
FOR x=1 TO _____
    S=S+_____
ENDFOR
? S
```

3. 计算并显示数列（1/2）+（2/3）+（3/4）+ … +（9/10）的值（要求用循环实现）(4分)。

反侵权盗版声明

电子工业出版社依法对本作品享有专有出版权。任何未经权利人书面许可，复制、销售或通过信息网络传播本作品的行为；歪曲、篡改、剽窃本作品的行为，均违反《中华人民共和国著作权法》，其行为人应承担相应的民事责任和行政责任，构成犯罪的，将被依法追究刑事责任。

为了维护市场秩序，保护权利人的合法权益，我社将依法查处和打击侵权盗版的单位和个人。欢迎社会各界人士积极举报侵权盗版行为，本社将奖励举报有功人员，并保证举报人的信息不被泄露。

举报电话：（010）88254396；（010）88258888

传　　真：（010）88254397

E-mail：　　dbqq@phei.com.cn

通信地址：北京市万寿路173信箱
　　　　　电子工业出版社总编办公室

邮　　编：100036